Ursula Oppermann-Weber

Mitarbeiter-
führung

Führungsansätze passend auswählen –
Führungsinstrumente richtig einsetzen

4. Auflage

Bibliografische Information der Deutschen Nationalbibliothek
Die Deutsche Nationalbibliothek verzeichnet diese Publikation in
der Deutschen Nationalbibliografie; detaillierte bibliografische
Daten sind im Internet über http://dnb.d-nb.de abrufbar.

© Cornelsen Scriptor 2011   D C B A
Bibliographisches Institut GmbH
Dudenstraße 6, 68167 Mannheim

Redaktion Jürgen Hotz
Herstellung Monika Schoch
Umschlaggestaltung glas-ag, Seeheim-Jugenheim
Umschlagabbildung Fotolia / Sonar (Gummienten)
Satz Fotosatz Moers, Viersen
Druck und Bindung Freiburger Graphische Betriebe,
Bebelstraße 11, 79108 Freiburg/Breisgau
Printed in Germany

ISBN 978-3-411-86390-7

Einleitung

Führen wird (zu) oft (nur) unter dem Blickwinkel der Führenden gesehen. Aber viele Mitarbeiter sind unzufrieden mit ihren Führungskräften, sind demotiviert und fühlen sich eher manipuliert als geführt. Deshalb ist es wichtig, Führung auch unter dem Blickwinkel der Mitarbeiter zu sehen und zu gestalten bzw. Führung immer als einen Dialog zu sehen, der beide Seiten betrifft und von beiden Seiten gestaltet werden kann, also von Seiten der Führungskraft und von Seiten des Mitarbeiters. So gestaltete Führung findet auf Augenhöhe statt und nimmt den Mitarbeiter in seiner Selbstverantwortung wahr und ernst.

Natürlich fordern die immer größer werdende Komplexität der täglichen Anforderungen und Probleme jede Führungskraft stark heraus. Aber gerade wegen dieser immer größeren Anforderungen ist neues Selbstbewusstsein der Führungskräfte, verbunden mit Konsequenz und berechenbarer Konstanz im Umgang mit den Mitarbeitern und sich selbst, gefragt.

Kommunikation spielt auch hier immer noch und immer wieder die entscheidende Rolle. Dabei liegt das Geheimnis einer als kompetent und erfolgreich wahrgenommenen Führungskommunikation mit den Mitarbeitern aber in der Regel nicht in immer neuen Techniken zur Erreichung der Konformität der Mitarbeiter, sondern im souveränen Umgang der Führungskraft mit Individualität, Stärken und Bedürfnissen der Mitarbeiter, damit Persönlichkeit und Wissen der Mitarbeiter für das Unternehmen optimal mit Hilfe der Führungskräfte eingesetzt und genutzt werden können.

Gelingt dies, so leistet Führungsarbeit einen wesentlichen Beitrag zum gesamten unternehmerischen Erfolg. Andernfalls gehen wertvolle Potenziale verloren.

Ich möchte Ihnen die praxisnahen Zusammenhänge aufzeigen, wie elementare Aspekte der Führung zusammenspielen und Sie für das Thema Führung begeistern.

Zugunsten der Lesbarkeit wird in Folge nur vom Mitarbeiter, dem Vorgesetzten und der Führungskraft gesprochen. Selbstverständlich sind auch alle weiblichen Mitarbeiter und Führungskräfte völlig wertneutral in den Begriffen eingeschlossen.

Inhalt

1 Führung, Führungs-kompetenzen, Führungsverhalten

Ihr persönlicher Führungsstil

Was ist Führung?

Wenn man von Führung spricht, meint jeder etwas Anderes und doch alle das Gleiche. Woher kommt dies?

Auf der Suche nach einer einheitlichen Definition habe ich mehrere Dutzend verschiedener Begriffe und Assoziationen gefunden. Diese umfassten mehrere Dimensionen sowohl sachlich als auch emotional wahrgenommener Faktoren.

> Eine zusammenfassende Definition könnte sein: Führen heißt, dass bestimmte Menschen andere Menschen für Themen und Ziele begeistern und sie überzeugen, diese umzusetzen bzw. zu erreichen.

Auf dem Weg dorthin leiten Sie die Menschen an, begleiten sie und unterstützen sie. Sie geben ihnen Anerkennung für ihre erbrachten Leistungen und ihr Engagement. Sie sprechen Fehler an und bewerten die Ergebnisse der Leistung im Sinne des definierten Ziels. Sie wissen, was die zu führenden Menschen können und respektieren ihre Individualität. Sie versuchen diese weitestgehend zu berücksichtigen und bei der Ressourcenplanung optimal einzusetzen.

Sie leiten eine Gruppe von Menschen so an, dass möglichst alle Menschen sich ergänzen und damit eine optimale Gruppenleistung erzielt wird, die über die Summe der Einzelleistungen hinausgeht. Dabei sollten die führenden Menschen in der Lage sein, eine positive Atmosphäre zu schaffen, aufrechtzuerhalten sowie einen dialogorientierten Umgang zu pflegen.

Und, und, und ... Fallen Ihnen noch etliche Dinge mehr ein, was eine gute Führungskraft ausmacht? Sie sehen, es ist in jedem Fall – immer noch und immer wieder – eine herausfordernde Aufgabe.

Zum besseren Verständnis finden Sie im Folgenden verschiedene Ansätze für die Umschreibung des Begriffes Führung:

Führen ist mehr als Leiten

Im Allgemeinen wird von jedem, der eine Position als Leiter einnimmt, erwartet, dass er auch führt. Allerdings ist dies in Hinsicht auf zukunftsweisende Zielsetzungen und Gestaltung von Arbeitsprozessen, sowie in Hinblick auf Führen von Mitarbeitern nicht immer gegeben.

Das bedeutet, leiten ist gleichzustellen mit dem sachlichen Prozess des Führens, welcher wie folgt definiert ist:

- Ziele vorgeben,
- planen,
- entscheiden,
- realisieren und
- kontrollieren.

Die Gestaltung der Leitungsaufgaben, das „Führen" der Mitarbeiter zum Ziel, ist damit nicht gleichzeitig sichergestellt.

Die Gestaltung der Leitungsaufgaben, gleichgesetzt mit dem „Führen der Mitarbeiter", umfasst:

- die Art und Weise der Information,
- die Art und Weise der Kommunikation,
- die Art und Weise der Motivation der Beteiligten und
- die Art und Weise der Einbeziehung der Mitarbeiter.

Führen ist mehr als Vorgesetzter sein

Führen geht über die hierarchisch definierte Position des Vorgesetzten hinaus.

Vorgesetzter zu sein bedeutet in erster Linie, aufgrund struktureller betrieblicher Vorgabe die nächsthöhere Hierarchiestufe innezuhaben. Dies ist mit definierten Informations-,

Kommunikations- und Entscheidungsbefugnissen verbunden. Nimmt ein Vorgesetzter die Führung nicht wahr, so übernehmen andere Personen diese Funktion. In jeder Organisation findet man Führer wie „Gute Geister", „Graue Eminenzen", „Flurfunk-Berichterstatter", „Gerüchteköche" und andere mehr.

Gewinnen diese Menschen so viel Macht, dass sie in der Lage sind, Prozesse zu steuern und zu beeinflussen, und zwar ohne die jeweiligen Vorgesetzten, liegen gravierende Führungsmängel vor.

Führen ist mehr als Management

Management ist eine Sammlung spezifischer Funktionen (Aufgaben), die mit Hilfe bestimmter Techniken (Managementtechniken) von bestimmten Positionen mit geeigneter personeller Besetzung (Managern) wahrgenommen werden. Manager üben damit die Leitungsfunktion aus.

Der Begriff des Managens (engl.: haushalten) wird aktuell in der Praxis gleichgesetzt mit der effizienten Organisation und Abwicklung bestimmter Abläufe und Vorgänge unter Einbeziehung der vorhandenen Ressourcen. So spricht man im Sekretariatsbereich von Officemanagement, im Personalbereich von Personalmanagement und im Bildungsbereich von Bildungsmanagement, im Projektbereich von Projektmanagement. Entsprechend heißt ein Projektleiter in der Regel auch Projektmanager etc.

Das bedeutet, dass der Leitungsbegriff, wie oben beschrieben, immer mehr zu Gunsten des Managementbegriffs aus dem Sprachgebrauch verschwindet. Damit ist aber auch klar, dass nicht jeder „Manager" automatisch auch führt.

Die Unterscheidung in mittleres und höheres Management ist in der Betrachtung ein wichtiger Aspekt. Bei höheren Managementfunktionen ist die Führungsfunktion per Definition mit enthalten. Aber – nicht jeder, der führt, ist automatisch ein Manager.

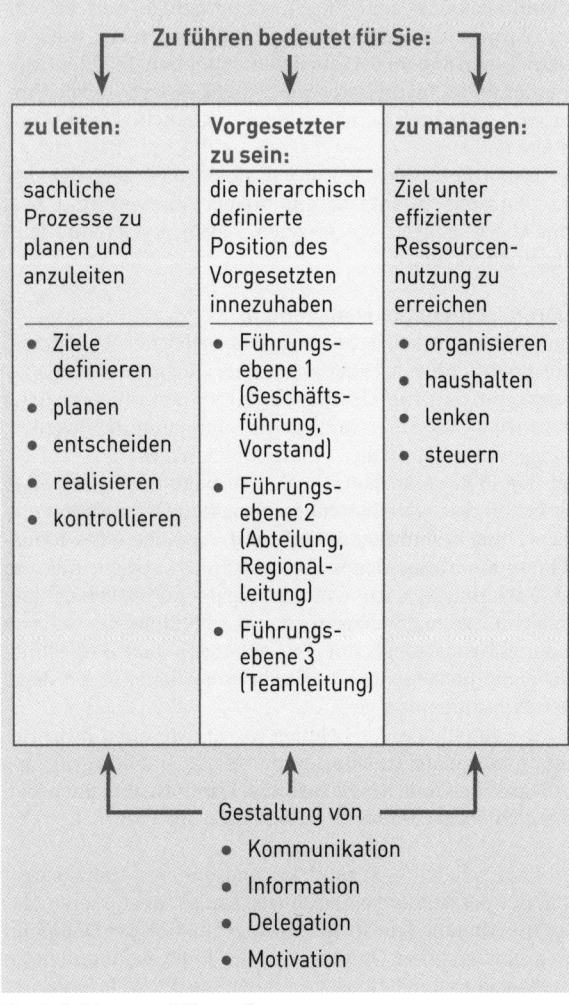

Zu führen bedeutet für Sie:

zu leiten:	Vorgesetzter zu sein:	zu managen:
sachliche Prozesse zu planen und anzuleiten	die hierarchisch definierte Position des Vorgesetzten innezuhaben	Ziel unter effizienter Ressourcennutzung zu erreichen
• Ziele definieren • planen • entscheiden • realisieren • kontrollieren	• Führungsebene 1 (Geschäftsführung, Vorstand) • Führungsebene 2 (Abteilung, Regionalleitung) • Führungsebene 3 (Teamleitung)	• organisieren • haushalten • lenken • steuern

Gestaltung von
- Kommunikation
- Information
- Delegation
- Motivation

Die Definition von „Führung"

Die Gestaltung der Führung übernimmt in der Regel der direkte Vorgesetzte (Teamleiter, betriebliche Leiter, Schichtführer etc.). Dieser muss Mitarbeitergespräche führen, Beurteilungen machen, Feedback geben und Zielvereinbarungen mit ihren Mitarbeitern treffen. Er gehört zum Führungskreis der Unternehmen: zu denjenigen, die mit ihrem Führungsverhalten einen wesentlichen Beitrag zu Unternehmenskultur und Unternehmenserfolg beitragen.

Zusammenfassung

Führung heißt, dass Sie auf Mitarbeiter bzw. eine Gruppe von Mitarbeitern unter Berücksichtigung der jeweiligen Situation so einwirken und sie so entfalten, dass sie bestimmte gemeinsame unternehmerische Ziele erreichen.

Die drei Säulen der Führung – Der goldene Mittelweg

Erfolgreich führen heißt, einen ausgewogenen Mittelweg zwischen Mitarbeiterorientierung, Leistungsorientierung und Selbstorientierung zu finden.
Drei Funktionsbereiche stehen Ihnen als Führungskraft zur Verfügung, die es gilt möglichst kompetent zu gestalten:

Sachorientierter/aufgabenbezogener Funktionsbereich:

- Ziele setzen oder interpretieren,
- Situationen analysieren,
- Probleme lösen und Entscheidungen treffen,
- planen, organisieren, koordinieren,
- delegieren und kontrollieren.

Mitarbeiterorientierter Funktionsbereich:

- Einwirkung auf die Mitarbeiter,
- ihre Mitarbeit im Unternehmen aufrechterhalten,
- den erwarteten Beitrag zur Erreichung der Ziele leisten.

In diesem Zusammenhang hat die Führungskraft folgende Aktivitätsbereiche:

- motivieren, anregen, Initiative ergreifen,
- anweisen, informieren, einführen,
- Konflikte erkennen und lösen helfen,
- anleiten und beraten,
- Gruppenstruktur aufbauen und die Zusammenarbeit in der Gruppe sowie zwischen den Gruppen fördern (Teambildung und Teamführung),
- persönliche Belange der Mitarbeiter berücksichtigen,
- Fürsorge zeigen, sich um Mitarbeiter kümmern,
- Leistungen der Mitarbeiter beurteilen,
- repräsentieren, symbolisieren (Vorbild sein).

Funktionsbereich der Führungskraft, die eigene Position und Person betreffend:

- persönlicher Arbeitsstil und setzen eigener Prioritäten,
- eigene Motivation und Zufriedenheit sicherstellen,
- eigenes Wohlbefinden und seine Gesundheit erhalten,
- den Kompetenz- und Einflussbereich ausschöpfen,
- persönliche Entwicklungs- und Karriereziele verfolgen,
- Ausbildungsmaßnahmen wahrnehmen,
- in Interessenvertretungen mitarbeiten, eigene Interessen durchsetzen,
- eigene Erfolge darstellen.

Der Grundkonflikt jeder Führungskraft

Durch die drei Funktionsbereiche der Führungskraft entsteht ein grundsätzlicher Zielkonflikt. Ein Gleichgewicht zwischen Realisierung unternehmerischer Ziele, Berücksichtigung von Mitarbeiterbedürfnissen sowie eigener Vorstellungen zu finden, ist nicht leicht. Dies benötigt Zeit, die sich mittel- bis langfristig bezahlt macht, aber erst einmal im täglichen Geschäft gefunden werden muss. Das Zurücknehmen der eigenen Person ist in vielen Situationen notwendig. Jede Führungskraft muss sich bewusst sein, dass Körper, Geist und

Seele immer wieder aufgetankt werden müssen, um dauerhaft Höchstleistungen erbringen zu können.

Die Ziele Ihres Unternehmens

Sie als Führungskraft

Die Wünsche und Bedürfnisse Ihrer Mitarbeiter

Ihre eigenen Wünsche und Ansprüche

Das Bermuda-Dreieck einer Führungskraft (in Anlehnung an Robert Pfützner: Das dreidimensionale Führungsmodell, aus: Kooperativ führen, 1994)

Noch einmal: Erfolgreich führen heißt, einen ausgewogenen Mittelweg zwischen Mitarbeiterorientierung, Leistungsorientierung und Selbstorientierung zu finden.

Dies heißt, eine Führungskraft kennt

- die unternehmerischen Bedürfnisse und deren Umsetzung und hat sich mit diesen auseinandergesetzt,
- die Bedürfnisse der Mitarbeiter, setzt sich mit diesen auseinander und involviert diese, soweit es geht, in den unternehmerischen Alltag,

- sich selbst mit Stärken und Grenzen und kann ihre Bedürfnisse im unternehmerischen Alltag einbringen, nicht auf Kosten von Mitarbeitern oder des Unternehmens.

Wann ist eine Führungskraft kompetent?

Neben den bereits getroffenen Aussagen umschreibt die Handlungskompetenz alle Fähigkeiten und Fertigkeiten, die die Führungskraft benötigt, um den Anforderungen an eine Führungsposition gerecht zu werden.

Die Handlungskompetenz lässt sich in verschiedene Kernkompetenzen unterteilen.

Eine Kompetenz in diesem Sinne ist ein Persönlichkeitsmerkmal oder ein Komplex von Verhaltensgewohnheiten, der zu effektiverer oder überlegener beruflicher Leistung führt.

Dies ist insbesondere von Relevanz, wenn Sie eine Führungsposition anstreben oder sich erstmalig mit den Erwartungen an eine Führungskraft auseinandersetzen.

Sie finden diese Kernkompetenzen z. B. in jedem Auswahlverfahren für eine Führungsposition oder in Beurteilungssystemen wieder.

Die Handlungskompetenz einer Führungskraft besteht aus folgenden Kernkompetenzen:
- Fachkompetenz,
- Sozialkompetenz,
- Methodenkompetenz und
- Persönlichkeitskompetenz.

Fachkompetenz

Fachkompetenz bedeutet, dass die jeweilige Person ihr Aufgabengebiet beherrscht, d. h. in ihrem bisherigen Aufgabenbereich fachliche Kompetenz unter Beweis gestellt hat. Darüber hinaus muss die Person in der Lage sein, ihren spezifischen Erfahrungshintergrund auch für neue Aufgaben zu nutzen und, wo ihr einschlägige Erfahrung fehlt, rasch und gezielt das nötige Know-how zu erwerben. Ebenso muss sie in der Lage sein, Problemlösungen im Fach-Know-how weiterzuentwickeln, vorzugeben und innovativ zu bereichern.

Fachliche Kompetenz bedeutet weiterhin eine gewisse Breite an fachlichen Kenntnissen, die Fähig- und Fertigkeiten sowie fachübergreifende Kenntnisse von Prozessabläufen, Kommunikations- und Informationsstrukturen und eine interdisziplinäre Orientierung, wodurch sich eine Person für ganz unterschiedliche Aufgaben qualifiziert.

Soziale Kompetenz

Soziale Kompetenz ist die Fähigkeit, mit anderen Personen konstruktiv zusammenzuarbeiten sowie Aufgaben gemeinsam anzugehen und zu bewältigen. Voraussetzung dafür ist die Bereitschaft, andere Menschen in ihrer jeweiligen Eigenart, mit ihrem speziellen Hintergrund, ihren Normen und Werten kennenzulernen und sie zu akzeptieren, wie sie sind, aber auch die Fähigkeit, sich in fremde Menschen hineinzuversetzen und sich auf sie einzustellen. Besonders wichtig sind diese Fähigkeiten im Umgang mit Menschen mit einem anderen ethischen bzw. kulturellen Hintergrund. Dies gilt auch für die Zusammenarbeit mit Kollegen aus anderen Ländern und Unternehmensteilen. Hier ist Sensibilität und Wertschätzung für Anderes und Andere in hohem Maße gefordert. Soziale Kompetenz äußert sich ferner im sachlichen und fairen Verhalten bei Konflikten sowie in der Fähigkeit zum Ausgleich verschiedener Interessen sowie in der Mitarbeiterführung.

Methodenkompetenz

Methodenkompetenz bedeutet die Bereitschaft und die Fähigkeit, verschiedene methodische Ansätze situationsgerecht und personengerecht anzuwenden, um damit effektiver das Ziel zu erreichen. Es setzt voraus, dass die Person umfassend über die anzuwendenden Methoden informiert ist. Sie entscheidet, welche Methode anzuwenden ist, z. B. in der Gesprächsführung, in der Ideenfindung, in der Präsentation oder in der Vorgehensweise, die entweder unternehmerisch verbindlich vorgegeben, empfohlen oder im Entscheidungsspielraum der jeweiligen Person liegt. Die Systematisierung von Vorgehensweisen hat den Vorteil, dass Prozesse berechenbarer, transparenter und zielorientierter ablaufen. Die Methodenkompetenz sucht den effizientesten Weg zur Zielerreichung. Dazu gehört die Bereitschaft, sich mit neuen Methoden vertraut zu machen, aber nicht die Methode zum Selbstzweck werden zu lassen, sondern situations- und zielgruppenbedingt abzuwägen, was geeignet ist.

Persönlichkeitskompetenz
Menschen mit hoher Persönlichkeitskompetenz haben eine innere Unabhängigkeit und zeichnen sich dadurch aus, dass sich ihre Arbeits- und Lebenszufriedenheit nicht in erster Linie aus der Anerkennung durch andere, aus Statussymbolen und materiellen Anreizen speist. Vielmehr schöpfen sie Kraft und Ansporn aus dem Reiz der Aufgaben, denen sie sich stellen, aus dem Erfolg der eigenen Anstrengungen, aber auch aus ihrem Privatleben, das den Ausgleich zur beruflichen Anspannung bildet. Innerlich unabhängige Menschen trauen sich auch neue Wege zu gehen. Sie können mit Veränderungen umgehen, engagieren sich und „ruhen" sozusagen „in sich selbst". Die Persönlichkeitskompetenz wirkt sich auf alle anderen Kompetenzbereiche aus.

Die Führungskraft „ist" das Unternehmen

Wir wissen alle, dass nicht nur das äußere Erscheinungsbild, sondern auch der „Spirit" oder die Atmosphäre von Unternehmen zu Unternehmen sehr unterschiedlich sein kann. Unternehmenserscheinungsbild, Unternehmenskultur und Unternehmenskommunikation sind einerseits die Instrumente, die zur Verwirklichung der Unternehmenspersönlichkeit zur Verfügung stehen, andererseits sind sie der Maßstab, an dem die Öffentlichkeit und die eigenen Mitarbeiter das Unternehmen im Vergleich zu anderen Unternehmen bewerten. Diese Bewertung findet ihren sichtbaren Ausdruck im Image des Unternehmens. Die Unternehmensphilosophie stellt sozusagen das „Dach" über der Identität des Unternehmens dar. Sie ist der „rote Faden" im Unternehmen, nach der alle Ziele und Aktivitäten ausgerichtet werden müssen. In ihr werden Unternehmensziele und -zwecke in ökonomischer und sozialer Hinsicht definiert. Dadurch wird festgeschrieben, in welche Richtung zukünftige und vor allem langfristige Aktivitäten des Unternehmens gehen sollen.

Aus der Unternehmensphilosophie werden alle weiteren Grundsätze für Kommunikation, Erscheinung und Verhalten abgeleitet. Die gesamte Organisation, das Engagement der Mitarbeiter und der Eindruck nach außen sowie das Führungsverhalten müssen sich dieser Kompetenzformulierung anpassen und unterordnen.

In den Leitlinien werden für die Unternehmenskultur unter anderem Führungsgrundsätze festgeschrieben, die für das Führungsverhalten jeder Führungskraft verbindlich sind.

Corporate Identity

Unabhängig davon, welche Werte ein Unternehmen aufgrund seiner Firmenphilosophie in den Vordergrund stellt – über die Bedeutung dieser Werte für die spezifische Unternehmenskultur entscheidet in hohem Maße die Konsequenz, mit der die Werte von den Führungskräften aller Ebenen vorgelebt werden.

Die Mitarbeiter projizieren ihre Erwartungen an das Unternehmen auf die Führungskraft. Sie als Führungskraft sind das Unternehmen für sie. Alles, was Sie als Führungskraft tun oder nicht tun, beeinflusst die Wertvorstellung des Mitarbeiters vom Unternehmen. Die Wertvorstellung, welche die Mitarbeiter vom Unternehmen haben, ist wiederum von elementarer Bedeutung für die Identifikation der Mitarbeiter mit dem Unternehmen, weiterhin für die Motivation und das Engagement der Mitarbeiter. Hieraus leitet sich das Maß der Bereitschaft der Mitarbeiter ab, sich für Belange und die Ziele des Unternehmens einzusetzen bzw. Veränderungen und Entscheidungen des Unternehmens (aktiv) mitzutragen.

Statistisch wurde nachgewiesen, dass Unternehmenserfolg und Identifikation der Mitarbeiter in einem starken Zusammenhang stehen. So entstehen unter anderem weniger Trainingskosten bei hoher Identifikation der Mitarbeiter mit dem Unternehmen, da offensichtlich die Lern- und Veränderungsbereitschaft höher ist.

Die Mitarbeiterfluktuation ist bei hoher Identifikation wesentlich geringer, was logisch ist. Die Kosten für Personalbeschaffung usw. sinken natürlich als erfreulicher Nebeneffekt entsprechend. Indirekt leistet damit eine hohe Identifikation zusätzlich auch noch einen nachweisbaren betriebswirtschaftlichen Beitrag durch Reduktion der Fehlzeiten und Steigerung der Qualität im Kundenkontakt.

Nun stellt sich die Frage: Welcher Mitarbeiter identifiziert sich? Was können Sie als Führungskraft tun, um Identifikation bei Mitarbeitern zu schaffen? Möglichst zeitnah und preiswert? Kein Problem – hier ist Ihr Geheimrezept:

Ihr Führungs-Sixpack für mehr Mitarbeiter-Identifikation

1. Bauen Sie eine Beziehung zum Mitarbeiter auf. Nehmen Sie den Mitarbeiter als Individuum wahr. Wer möchte nicht als Person gesehen und behandelt werden?
2. Jeder Mitarbeiter möchte seine Erfahrungen erweitern. Berücksichtigen Sie dies soweit es möglich ist und geben Sie dem Mitarbeiter Gelegenheit, seine Ideen und sein Wissen für das Unternehmen einzusetzen.
3. Jeder Mitarbeiter braucht Anerkennung. Daher geben Sie jedem Mitarbeiter so oft wie möglich Anerkennung. Anerkennung ist sehr wichtig und sehr, sehr preiswert.
4. Schaffen Sie Verantwortlichkeit – sagen Sie dem Mitarbeiter, was Sie erwarten. Definieren Sie positive und negative Sanktionen, das heißt, seien Sie konsequent und zuverlässig. Nur so schaffen Sie Glaubwürdigkeit. Jede gute Führungskraft ist berechenbar. Die Mitarbeiter müssen wissen, woran sie sind.
   Ihr konsequentes Führungsverhalten wird durch Zielvereinbarung und Beurteilung unterstützt, kann aber Ihre elementare persönliche Führungsarbeit nicht ersetzen.
5. Beziehen Sie den Mitarbeiter ein. Sagen Sie, was geht und was nicht geht. Vor allem begründen Sie es gegenüber dem Mitarbeiter. Sie geben den Aufgaben Sinn. Jeder Mitarbeiter möchte eine sinnvolle Arbeit machen. Sie sind SinnGEBER – auch dies ist sehr wichtig und auch sehr, sehr preiswert.
6. Und last, not least – pflegen Sie die Kommunikation mit dem Mitarbeiter. Nichts kann auf Dauer den direkten Dialog ersetzen. Tauschen Sie sich mit dem Mitarbeiter regelmäßig aus. Interessieren Sie sich für die Tätigkeiten und Erfolge des Mitarbeiters und hören Sie ihm richtig zu.

Wie führen Sie?

Im Unterschied zu den Führungsfunktionen geht es beim Führungsstil um die charakteristische Art und Weise, wie diese Funktionen ausgeführt bzw. mit Leben gefüllt werden.

Ihr Führungsverhalten hat entscheidende Auswirkungen auf Wohlbefinden, Motivation, Leistungsfähigkeit und Produktivität des Mitarbeiters.

> Wichtig ist: Es gibt nicht **den** Führungsstil, es gibt nur Führungsverhalten, welches **passend** oder **unpassend** zu Situation und Mitarbeiter ist.

Einige Beispiele

Sie führen den Mitarbeiter, dem es noch an Kompetenz fehlt, sehr eng und aufgabenorientiert, also direktiv.

Ist der Mitarbeiter fachkompetent und erfahren, brauchen Sie ihn nur noch seelisch und moralisch zu stützen und ihn stärker in Entscheidungen mit einzubeziehen, um sein Engagement und seine Motivation weiter zu stabilisieren.

Stimmen Kompetenz, Engagement und Motivation des Mitarbeiters, können Aufgaben komplett delegiert werden.

Die bekanntesten Führungsstile

Autoritärer Führungsstil

Die Führung geht von einem mit hoher Machtfülle ausgestatteten Vorgesetzten (Master next God) aus, der die notwendigen Entscheidungen ohne die Mitwirkung seiner Mitarbeiter (Untergebenen) trifft. Die Untergebenen haben die Entscheidung unverfälscht und zuverlässig auszuführen, wobei sie ständiger Kontrolle unterworfen sind. Sein vorrangiges Ziel ist die Aufgabenerfüllung, während er die individuellen Belange der Mitarbeiter vernachlässigt. Positiv ist die klare Zielvorgabe und Anweisung, die klare Struktur, sowie die Vorgabe einer Strategie.

Patriarchalischer Führungsstil

Beim patriarchalischen Führungsstil (Patriarchat = Vaterherrschaft) – dem autoritären Führungsstil verwandt – fühlt sich der Vorgesetzte für seine in Abhängigkeit gehaltenen „Belegschaftskinder" verantwortlich. Er entscheidet allein, was für sie gut oder schlecht ist. Beugen sich die „Kinder" dem Willen des „Vaters" nicht, greift der Vorgesetzte strafend ein.

Laisser-faire-Führungsstil

Der Laisser-faire-Führungsstil wird gekennzeichnet durch den Effekt der Desorganisation. Führen, d. h. Mitarbeiter auf ein gemeinsames Ziel hin unter Berücksichtigung der jeweiligen Situation zu beeinflussen, findet kaum statt. Zwar stellt der Vorgesetzte die zur Entscheidungsfindung erforderlichen Informationen bereit, macht im Entscheidungsprozess jedoch keinen oder nur kaum Einfluss geltend. Selbstentfaltung jedes Einzelnen ist sehr wichtig. Alle Beteiligten sind „gleich".

In diesem Führungsstil sind viele Elemente der Kreativität, Kommunikation („Wir sollten darüber reden!") und der Gleichheitsgrundsatz verankert. Fragen der Planung, Organisation, Durchführung und Kontrolle werden von der Gruppe beantwortet oder aber wegen nicht integrierter, widerstreitender Meinungen nicht gelöst.

Kooperativer Führungsstil

Der kooperative Führungsstil sieht seine Funktion darin, für bestmögliche Aufgabenerledigung bei gleichzeitig größtmöglicher Zufriedenheit der Mitarbeiter zu sorgen. Verschiedene Elemente des autoritären Führungsstils wie z. B. klare Anweisungen, klare Ziele, Strategieentwicklungen, Kontrolle sowie verschiedene Elemente des Laisser-faire-Führungsstils wie Berücksichtigung der verschiedenen Interessen unabhängig von Hierarchien, die menschliche Gleichberechtigung sowie die Betonung von Kommunikation finden sich im kooperativen Führungsstil miteinander verknüpft und modifiziert wieder.

Die Führungskraft betrachtet die Geführten als Mitarbeiter und Partner, die am Willensbildungsprozess im Rahmen ihrer Fähigkeiten, ihres Wissens und ihrer Erfahrung aktiv mitwirken.

Das meint im Einzelnen:

- Führungskraft und Mitarbeiter arbeiten gemeinsam auf ein unternehmerisches Ziel hin, wobei sowohl die Führungskraft als auch der Mitarbeiter Verantwortung für sein betriebswirtschaftliches Handeln und persönliches Verhalten übernimmt.
- Durch das Herausstellen des Prinzips der Delegation von Aufgaben, Kompetenzen und Verantwortung wird dem Mitarbeiter ein hohes Maß an Selbstständigkeit ermöglicht.
- Unter Verzicht auf Zwang und persönliches Geltungs- und Machtstreben wird partnerschaftliches Denken und Handeln praktiziert.

Situations- und personenbezogener Führungsstil

Der kooperative Führungsstil bzw. eine Mischung aus Leistungsorientierung und Mitarbeiterorientierung ist aus allgemeinen Wertüberlegungen immer anzustreben.

Im konkreten Einzelfall können Bedingungen und Ziele gegeben sein, die seine Verwirklichung erschweren, verhindern oder nicht sinnvoll erscheinen lassen. Der einzelne Vorgesetzte hat zu prüfen, wann und wie er sein Führungsverhalten optimieren kann.

Die Führungskraft muss ihr Führungsverhalten den entsprechenden Situationen anpassen.

So gilt es beispielsweise autoritär zu sein, wenn erforderlich (z. B. wenn keine Zeit für Diskussionen bleibt, sondern nur knappe und präzise Anweisungen gefragt sind).

In anderen Fällen verhält sich die Führungskraft demokratisch und kooperativ, weil Spielräume da sind und ausgeschöpft werden können.

Da sich Situationen und auch Personen ständig verändern, kann auch der Führungsstil nicht einmal als für immer passend „verabschiedet" werden. Sondern es bedarf heute mehr denn je einer permanenten Auseinandersetzung mit den jeweiligen Mitarbeitern, deren Bedürfnissen und Wünschen, deren Fähigkeiten und Fertigkeiten, da jeder Mitarbeiter während seines Arbeitslebens verschiedene Phasen der „kompetenten Führung" durchläuft.

Dieses Führungsverhalten wird als „situationsbezogener Führungsstil" bezeichnet, welcher die Führung der Mitarbeiter vom jeweiligen Entwicklungsstand der Mitarbeiter abhängig macht.

Ihre Rolle im Führungsalltag

Sie erfüllen mit Ihren Mitarbeitern gemeinsam vorgegebene Zielsetzungen unter Beachtung der ebenfalls vorgegebenen Rahmenbedingungen (Kosten, Termine, Technik, Organisation, Gesetze usw.). Ihre Rolle ist die eines vermittelnden und ausgleichenden, führenden Partners. Von den einzelnen Führungsaufgaben gewinnen dabei gerade das Beraten, Trainieren und prozesssteuernde Begleiten des Mitarbeiters besondere Bedeutung.

Die Führungskraft ist damit für den Mitarbeiter wie ein Treppengeländer, das ihn bei seinem Weg durchs Arbeitsleben Stufe für Stufe führt (auch durch manche Nebelschwaden und Unsicherheiten). Dabei steht das Ziel vor Augen und die (im doppelten Wortsinn) leitende Führungskraft lässt den Mitarbeiter seinen Weg gehen. Sie gibt Motivation, Feedback, aber auch klare Anweisungen und Richtungsvorgaben sowie Kurskorrekturen. Trotz Delegation und Selbstständigkeit kann der Mitarbeiter jederzeit auf die Führungskraft zurückkommen.

Das menschliche Verhältnis ist geprägt durch Respekt, gegenseitige Achtung und Offenheit.

Ihr Mitarbeiter entsprechend seinen Entwicklungsstufen

Engagement
Motivation
Erfahrung
Kompetenz

Als Vorgesetzter agieren Sie:

- richtungsweisend
- begleitend und lenkend
- motivierend

entsprechend dem „Reifegrad" Ihres jeweiligen Mitarbeiters

Die Führungstreppe

Das situationsgerechte und individuelle Eingehen auf jeden Mitarbeiter kostet nicht nur Geduld, sondern auch Zeit. Es birgt die Gefahr in sich, dass man sich mit den Mitarbeitern, die die meisten Probleme haben oder machen, in der Regel am intensivsten als Führungskraft beschäftigt. Dies führt leicht dazu, dass die guten Mitarbeiter, bei denen alles läuft und die immer gut drauf sind, weniger Aufmerksamkeit durch die Führungskraft erfahren.

Beugen Sie diesen Tendenzen vor, indem Sie regelmäßig allen Mitarbeitern Feedback geben.

Auf den Punkt gebracht

Erfolgreich sind Sie, wenn Sie

- einen Überblick über den Entwicklungsstand Ihrer Mitarbeiter haben und wissen, wieviel Führung der Einzelne wirklich braucht.

- regelmäßig Rückmeldungen an Ihre Mitarbeiter über deren Leistungen und ihre erlebten Stärken und Schwächen geben.

- den Mitarbeitern erläutern, was Sie tun wollen, um sie zu fördern und sie zu entwickeln.

- dem Mitarbeiter sagen, warum Sie ihn enger führen, wenn das notwendig ist, und dass es Ihr Ziel ist, ihn dadurch selbstständiger und erfolgreicher zu machen.

- Ziele gemeinsam mit dem Mitarbeiter definieren und vereinbaren, die herausfordernd, aber erreichbar sind. Sie haben die Aufgabe, die Ziele konsequent präsent zu halten und zu monitoren.

- die Mitarbeiter partnerschaftlich behandeln.

- klare Maßstäbe setzen und eindeutige Spielregeln für Ihr Team formulieren. Sorgen Sie dafür, dass diese eingehalten werden.

- Haltungen und Werte, die Sie von Ihren Mitarbeitern fordern, auch selber leben und einhalten.

- sich bewusst sind, dass Sie mit Ihrer Führung einen wesentlichen Beitrag zur Kultur und zum Erfolg des Unternehmens beitragen.

2 Führen durch Kommunikation

Warum und wie Sie mit Ihren Mitarbeitern reden müssen

Immer das Gleiche ...? Der Prozess der Führung als Grundlage für die Kommunikation mit dem Mitarbeiter

Der Führungsprozess ist der gesamte Verlauf, in dem Führung stattfindet. Dieser Prozess lässt sich grundsätzlich in vier elementare Schritte unterteilen:

- Orientierung geben und Ziele vereinbaren,
- loslassen und monitoren bzw. Leistung überprüfen,
- Bilanz ziehen und abschließen bzw. Leistungen beurteilen und
- Mitarbeiter fördern und entwickeln bzw. Perspektiven aufzeigen.

Die verfügbaren kommunikativen Instrumente müssen von der Führungskraft so eingesetzt werden, dass sich daraus ein Regelkreis ergibt, der für die Führungskraft ebenso wie für den Mitarbeiter die „Führung" verständlich und transparent macht. Bevor ich auf den Regelkreis eingehe, lassen Sie mich kurz die Information der Mitarbeiter sowie weitere kommunikative Grundlagen ansprechen.

Information der Mitarbeiter

Die Information der Mitarbeiter ist und bleibt eine wichtige Führungsaufgabe. Ohne umfassende und offene Information können Mitarbeiter weder mitdenken noch selbstständig handeln, andere vertreten, unterstützen oder beraten.

Ein Zuviel an Information ist genauso falsch wie ein Zuwenig, wobei das Problem heute nicht in der Beschaffung, sondern in der Auswahl der Information liegt.

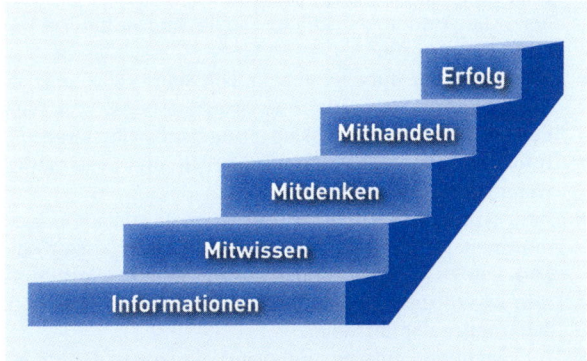

Nur informierte Mitarbeiter sind motiviert und erfolgreich

Informationen in diesem Sinne sind nur diejenigen Tatsachen und Ereignisse, die für den Empfänger einen relativen Neuigkeitswert haben und die er für die Aus- und Durchführung der ihm übertragenen Aufgaben benötigt oder die dafür zumindest zweckmäßig sind.

Mitarbeiter informieren – Worauf müssen Sie achten?

- Informationen müssen wahr sein. Manipulationen in Form von Weglassen, Verschweigen, Verfälschen oder Hinzufügen von Informationen können zwar kurzfristig vielleicht zum Erfolg führen, jedoch längerfristig ist Vertrauensverlust die Folge.
- Informationen müssen vollständig sein. Erhält ein Mitarbeiter nicht alle für ihn notwendigen und vollständigen Informationen, so hat er keine reelle Möglichkeit, fundierte und kompetente Entscheidungen zu treffen oder Prioritäten zu setzen. Erhält er nicht alle ihn betreffenden

Informationen, wächst das Misstrauen gegenüber Vorgesetztem und Kollegen.

- Informationen müssen auf das Wesentliche beschränkt sein. Langatmigkeit und Abschweifungen sind zu vermeiden. Klare und übersichtliche Darstellung verhindert Informationsüberflutung.
- Informationen müssen verständlich sein. Klare, präzise Informationen verhindern Missverständnisse, verschiedene Auslegungsmöglichkeiten und häufige Rückfragen.
- Informationen müssen kontinuierlich und regelmäßig weitergegeben werden.
- Informationen werden nur mit Aufmerksamkeit aufgenommen, wenn sie für den Empfänger einen Nutzen haben. Der Vorgesetzte sollte daher zu Beginn seiner Ausführungen den Nutzen seiner Information für den Mitarbeiter klar darstellen.
- Informationen müssen umfassend sein, damit der Mitarbeiter Zusammenhänge versteht. Nur so kann der Mitarbeiter am allgemeinen betrieblichen Geschehen Anteil nehmen.
- Informationen müssen rechtzeitig übermittelt werden.
- Informationen müssen in einer geeigneten und angemessenen Form übermittelt werden. Die Entscheidung über das Kommunikationsinstrument und die Kommunikationsform ist ebenso wichtig wie die Frage nach dem Wie: Ist ein Gespräch, ein Brief, eine Präsentation oder eine E-Mail angemessen und geeignet?

Als Führungskraft sollten Sie auch die Art und Weise, wie Sie Informationen darstellen, sowie die Medien, die Sie zur Unterstützung einsetzen, bewusst gestalten bzw. wählen. Wählen Sie eine Präsentation per Power Point und Beamereinsatz, nehmen Sie einen Flipchart oder Meta-Plan-Karten als unterstützende Medien, setzen Sie auf E-Mail, oder wählen Sie die Gestaltung des „Story telling".

Auch hier werden Sie in Ihrer Gesamtwirkung von den Mitarbeitern wahrgenommen. Eine gute Vorbereitung bzw. einige Gedanken im Vorfeld hierzu, wie Sie die Informationen an Ihre Mitarbeiter geben, ist daher mehr als sinnvoll.

Offene Kommunikation als Grundlage

Offene Kommunikation ist die Grundlage in der Führungskommunikation. Dies bedeutet:

- Jeder ist für sich selbst verantwortlich.
  Sie bestimmen selbst, was, wann und wo Sie etwas sagen. Sie haben die Verantwortung, was Sie aus dem Umgang mit Ihren Mitarbeitern machen.
  Dies steht nicht im Widerspruch zu einer umfassenden, wahren und vollständigen Information der Mitarbeiter durch Sie.
  Ermutigen Sie Ihre Mitarbeiter, auch für sich selbst die Verantwortung zu übernehmen.
- Sagen Sie, wie Sie sich fühlen.
  Wenn Sie sich nicht konzentrieren können, Stress haben, unzufrieden sind etc., sprechen Sie Ihre Gefühle auch gegenüber den Mitarbeitern an. Dann kann sich Ihr Mitarbeiter besser auf Sie einstellen und er hat das Gefühl, dass Sie auch „normale" Gefühle haben. Dies macht Sie sehr menschlich, vorausgesetzt, es handelt sich um einen vorübergehenden und keinen dauerhaften Gefühlszustand.
- Achten Sie auf Sachinhalt und Körpersprache gleichermaßen. Denken Sie daran, die meisten Informationen werden nonverbal vermittelt.
- Verstecken Sie sich nicht hinter „Man-" oder „Wir-" Formulierungen.
  Geben Sie stattdessen Ihre Mitteilungen in „Ich-Botschaften". Sprechen Sie also für Ihre eigene Person und nicht für andere.

- Geben Sie Feedback über die Wirkung, die das Gesagte Ihres Mitarbeiters auf Sie hat. Nur so vermeiden Sie Spekulationen, Interpretationen, Missverständnisse und Aussagen wie „Ich dachte, Sie meinten ...“
- Nehmen Sie Feedback, auch wenn es negativ ist, vom Mitarbeiter an. Es ist sehr wichtig, dass er Ihnen seine Sicht der Dinge zugänglich macht. Nur so haben Sie die Chance, eine andere Sichtweise kennenzulernen.

  So gelingt es Ihnen eher, Missverständnisse zu beseitigen, genaue Gesprächsergebnisse zu erzielen, das Miteinander im Verhältnis zu anderen Menschen zu stärken und Vertrauen aufzubauen.

Offene Kommunikation ist eine der wichtigsten Voraussetzungen für langfristigen Führungserfolg. Aber viele Gründe stehen in Unternehmen einer offenen Kommunikation entgegen. Hier einige Beispiele

auf Unternehmensleitungsebene:
- die Auffassung, nicht zuviel Management-internes Wissen preiszugeben,
- mangelndes Verständnis für die Arbeitssituation mittlerer Führungskräfte,
- eine sehr technische Betriebsführung,
- das Einfordern und Für-berechtigt-Halten von Vorrechten,
- die räumliche Distanz zu den Mitarbeitern,

auf der mittleren Führungsebene:
- mangelndes Verständnis für die Verantwortung der Unternehmensleitung,
- mangelndes Verständnis der Belegschaft gegenüber,
- der Wunsch, sich mit der Unternehmensleitung gutzustellen,
- der Wunsch, mit den Mitarbeitern immer gut auszukommen,
- der Wunsch, ehrgeizige Ziele unbedingt durchzusetzen,

- fehlende Kenntnisse der Präsentation und Darstellung,
- fehlende Kommunikationsfähig- und -fertigkeiten,

auf der Mitarbeiterebene:
- mangelnde Kenntnisse betriebswirtschaftlicher Zusammenhänge,
- mangelnde Kenntnisse über Informations- und Kommunikationsstrukturen und Prozesse,
- mangelndes Verständnis für die Aufgaben der Unternehmensleitung und der Führungskräfte,
- Misstrauen gegenüber den Motiven der Unternehmensleitung und der Führungskräfte,
- der Wunsch nach Ansehen im Betrieb,
- räumliche und geistige Distanz zur Unternehmensleitung und zum Vorgesetzten.

Sollten Sie mit solchen Hindernissen der offenen Kommunikation konfrontiert werden, versuchen Sie ihnen möglichst diplomatisch zu begegnen, ohne Eskalationen hervorzurufen oder zu „erzieherisch" auf andere einzuwirken. Veränderungen brauchen in der Regel viel Zeit, insbesondere wenn es um Veränderungen im Verhalten geht.

Das Mitarbeitergespräch

Zum Mitarbeitergespräch zählen alle Gespräche zwischen Vorgesetzten und ihren Mitarbeitern, die über die routinemäßige Alltagskommunikation hinausgehen.
Was zum Alltag gehört (laufende Arbeitsanweisungen des Vorgesetzten, Einholen einer kurzen Information durch den Mitarbeiter) fällt nicht darunter. Es geht vielmehr um besondere Anlässe und Themen, die Vorgesetzten und Mitarbeiter veranlassen, sich zusammenzusetzen und ihre Meinungen und Standpunkte intensiv miteinander auszutauschen.

Die wichtigsten Anlässe und Themen von Mitarbeitergesprächen

Orientierung geben und Ziele vereinbaren

Ziele vereinbaren
⇨ **Zielvereinbarungsgespräch**

Sichtweisen des Mitarbeiters kennenlernen, Perspektiven entwickeln
⇨ **Mitarbeiter(-jahres)-gespräch**

Loslassen und monitoren bzw. Leistung überprüfen

Sachaufgaben besprechen
⇨ **Sach- und Fachgespräch**

Informationen gewinnen und weitergeben
⇨ **Informationsgespräch**

Kompetenzen und Verantwortung übertragen
⇨ **Delegationsgespräch**

Rückmeldungen geben
⇨ **Feedbackgespräch**

Gute Leistungen anerkennen
⇨ **Anerkennungsgespräch**

Unzureichende Leistungen ansprechen
⇨ **Kritikgespräch**

Veränderung bei bewussten und wiederholten Fehlern einfordern
⇨ **Tadelgespräch**

Ziel-, Arbeits- und Leistungsüberprüfung
⇨ **Kontrollgespräch**

Probleme ansprechen
⇨ **Konfliktgespräch**

Mitarbeiter motivieren
⇨ **Motivationsgespräch**

Krankensitutation von Mitarbeitern ansprechen
⇨ **Präventions- und Rückkehrgespräche**

Klärung disziplinarischer Fragestellungen
⇨ **Disziplinargespräch**

Suchtprobleme ansprechen
⇨ **stufenweises Rückkehrgespräch**

Bilanz ziehen und abschließen bzw. Leistungen beurteilen

Mitteilung der Leistungseinschätzung des Mitarbeiters
⇨ **Beurteilungsgespräch**

Zielerreichungsgrad und Messgröße mitteilen
⇨ **Zielerreichungsgespräch**

Erkennen von Stärken und Potenzialen
⇨ **Potenzialgespräch**

Mitarbeiter fördern und entwickeln bzw. Perspektiven aufzeigen
⇨ **Fördergespräch**

Unterstützung der Mitarbeiter in betrieblichen und persönlichen Fragestellungen
⇨ **Coachinggespräch**

Kenntnisse und Fertigkeiten an die Mitarbeiter weitergeben
⇨ **Unterweisungsgespräch**

Personalgewinnung, Auswahl und Trennung

Mitarbeiter auswählen
⇨ **Personalauswahlgespräche**

Einführung von Mitarbeitern in das Team
⇨ **Einführungsgespräche**

Trennung von Mitarbeitern
⇨ **Trennungsgespräche, Austrittsgespräche**

Folgende Merkmale definieren das Mitarbeitergespräch:

- Mitarbeitergespräche können sowohl
  - zu regelmäßigen, geplanten Terminen (z. B. als Beurteilungs-, Mitarbeiterjahres-, Fördergespräche) als auch
  - anlassbezogen (z. B. Feedback-, Konflikt-, Motivations-, Präventionsgespräche)

  stattfinden.
- Mitarbeitergespräche werden in der Regel vom direkten Vorgesetzten geführt.
  Nur in Ausnahmefällen wird diese Aufgabe vom nächsthöheren Vorgesetzten oder von Mitarbeitern der Personalabteilung begleitet oder übernommen (z. B. bei Eskalationen oder bei wiederholten Gesprächen zum gleichen Thema).
- Mitarbeitergespräche sind Vier-Augen-Gespräche.
  In verschiedenen Fällen kann auf Wunsch oder Anraten der nächsthöhere Vorgesetzte oder eine weitere Person aus Personalabteilung oder/und Betriebsrat bzw. Personalrat hinzugezogen werden (z. B. bei Eskalationen, disziplinarischen Inhalten, oder sich ausweitenden Konflikten). In bestimmten, vom Gesetz genannten Fällen kann der Mitarbeiter die Teilnahme eines Betriebsratsmitglieds sogar verlangen (§ 82 Abs. 2 BetrVG).
- Mitarbeitergespräche haben einen bestimmten Sachinhalt und ein bestimmtes Ziel. Sie sind also nicht nur zur Kontaktpflege gedacht, sondern stellen wichtige Führungsinstrumente dar.

Vom Mitarbeitergespräch ist die Mitarbeiterbesprechung zu unterscheiden, die der Vorgesetzte in der Regel mit einer Gruppe von Mitarbeitern führt.

Mitarbeitergespräche bieten mehr Chancen als Risiken, und zwar für beide Seiten. Sie müssen allerdings auch richtig eingesetzt und ehrlich gemeint sein, sonst verfehlen sie ihr Ziel und tragen nicht zur besseren Kommunikation zwischen Führung und Mitarbeiter bei.

Vorteile von Mitarbeitergesprächen sind:

- Die sachliche Kommunikation wird gefördert.
- Probleme werden nicht lange verschleppt, sondern möglichst zeitnah angesprochen und gelöst.
- Der Mitarbeiter erfährt, „wo er steht". Das ist für seine Motivation und seine Leistung sehr wichtig.
- Es werden Perspektiven aufgezeigt und entwickelt.
- Der Dialog wird verstärkt.
- Der Vorgesetzte erfährt viel über den Mitarbeiter und seine Bedürfnisse.
- Missverständnisse und Vorurteile werden reduziert.
- Das „Wir-Gefühl", unabhängig von Hierarchieebenen, wird gefördert.

Alle Mitarbeitergespräche sollten gut vorbereitet sein: Die verschiedenen Mitarbeitergespräche haben unterschiedliche Intentionen und verlaufen damit sowohl von der Zielsetzung als auch im Aufbau ganz unterschiedlich.

Folgende Überlegungen sollte Ihre Vorbereitung immer beinhalten:

Organisatorisch
- Welcher Termin bietet sich an?
- Wo sollte das Gespräch stattfinden?
- Welchen Zeitrahmen sollte das Gespräch haben?
- Welche Unterlagen werden für das Gespräch benötigt?
- Welche Daten muss ich mir im Vorfeld besorgen?

Inhaltlich
- Welches Ziel hat dieses Gespräch?
- Welche Themen sollen angesprochen werden?
- Sollte das Thema weiter aufgeteilt werden?
- Welche Lösungen könnte ich mir zu den einzelnen Punkten, die anzusprechen sind, vorstellen?
- Welche Einwände könnten kommen, wie argumentiere ich?

- In welchen Schritten sollte das Gespräch verlaufen?
- Müssen die Ergebnisse des Gespräches mit anderen Personen abgestimmt werden?

Auf den Gesprächspartner bezogen
- Braucht der Mitarbeiter außer den Eckdaten weitere Informationen im Vorfeld, um sich auch auf das Gespräch vorbereiten zu können?
- Was möchte ich wie rüberbringen? Mit welchem Gefühl sollte der Mitarbeiter aus dem Gespräch gehen?
- Wie ist meine Einstellung zum Mitarbeiter?
- Wie verliefen frühere Gespräche?
- Welche Ziele und Motive bewegen den Mitarbeiter?
- Wie agiert und reagiert er im Gespräch?

Die Gesprächsführung im Mitarbeitergespräch

Die Verantwortung für den Gesprächsablauf liegt beim Vorgesetzten. Er hat auf die Einhaltung der Gesprächsregeln zu achten und die Aufgabe, das Gespräch zu lenken sowie eine entsprechende Gesprächsatmosphäre sicherzustellen.
Von ihm ist es abhängig, ob es sich um ein wirkliches Gespräch handelt oder eher um ein Taktieren oder Umsetzen bestimmter Gesprächsstrategien.

> Nur wenn der Vorgesetzte das Gespräch als Führungsinstrument erkennt, ernst nimmt und damit ehrlich und wertschätzend umgeht, wird der Mitarbeiter dieses auch annehmen.

Es ist auch nicht mit einem einmaligen Mitarbeitergespräch getan, sondern es muss sichergestellt werden, dass regelmäßige Mitarbeitergespräche innerhalb des Führungsprozesses zwischen Vorgesetzten und Mitarbeitern stattfinden. Ansonsten bleiben die Mitarbeitergespräche mehr „spontane Gespräche", die abhängig sind von der Führungsperson, die aber keine Sicherstellung des Führungsprozesses im Sinne eines Unternehmens gewährleisten. Damit entgehen einem Unternehmen viele Chancen, Mitarbeiter zu halten, zu entwickeln, zu motivieren, aber auch Fehler zu erkennen, offen zu legen, zu korrigieren und Konflikte zu beseitigen. Gleiches gilt für die Sicherstellung von Ergebnissen und das Feedback über den Verlauf eines Arbeitsprozesses bis zu den Ergebnissen.

Der grundsätzliche Aufbau eines Mitarbeitergespräches

Alle themen- und zielorientierten Mitarbeitergespräche bauen auf einem grundsätzlichen Vorgehen bei Mitarbeitergesprächen auf. Die sachliche Argumentation sowie die situationsbezogene Anpassung können hier natürlich nicht für jeden Fall vorgegeben werden, sondern bleiben dem jeweiligen Vorgesetzten vorbehalten.

Der Gesprächsaufbau trägt dazu bei, das Gespräch zu strukturieren, wesentliche Aspekte nicht zu vergessen und das Gesprächsziel nicht aus den Augen zu verlieren. Andererseits bietet ein Gesprächsablauf genügend Spielraum für unerwartete Entwicklungen.

Phase 1: Positive Einstimmung

- Höflichkeit und Freundlichkeit sind immer Grundvoraussetzung.
- Begrüßen Sie den Mitarbeiter, gehen Sie auf ihn zu, und danken Sie ihm für sein Kommen.
- Bieten Sie einen Platz an einem geeigneten Tisch an, setzen Sie sich und nennen Sie Thema und Bedeutung des Gespräches. Achten Sie auf angemessene Distanz.
- Stellen Sie sicher, dass Ihr Mitarbeiter auch „gesprächsbereit und da" ist.
- Schaffen Sie ein positives und offenes Gesprächsklima.

Phase 2: Thema und Procedere

- Darstellung von Thema und Ziel des Gespräches
- Legen Sie Ablauf, Zeitumfang, Vorgehensweise des Gespräches dar.

Phase 3: Wie sieht Ihr Mitarbeiter die Angelegenheit?

- Fordern Sie den Mitarbeiter auf, seine Sichtweise der Dinge zu schildern (bei einigen Themen hat er sich idealerweise vorbereitet bzw. Gelegenheit dazu gehabt).
- Machen Sie sich Notizen in dieser Phase, damit Sie die Argumente des Mitarbeiters später wieder aufgreifen können. So müssen Sie ihn auch nicht unterbrechen.
- Geben Sie dem Mitarbeiter Gelegenheit, Frust abzubauen und seinen Gefühlen Luft zu machen.
- Erwarten Sie keine rhetorische Höchstleistung oder zuviel Sachlichkeit, sonst gehen Ihnen wertvolle Informationen verloren.
- Halten Sie sich zurück. Kommentieren und bewerten Sie nicht die emotionalen Aussagen Ihres Mitarbeiters.

Phase 4: Wie beurteilen Sie die Dinge?

- Stellen Sie Ihre Sichtweise der Dinge dar. Falls sich aus den Äußerungen des Mitarbeiters Fragen ergeben, klären Sie diese zuerst ab.
- Bestätigen, korrigieren oder führen Sie die Aussagen des Mitarbeiters weiter.

Phase 5: Lösungsfindung

- Leiten Sie zum sachlichen Kerngespräch.
- Arbeiten Sie die Unterschiede der verschiedenen Sichtweisen heraus.
- Suchen Sie gemeinsam die Ursachen für die unterschiedlichen Wahrnehmungen.
- Entwickeln Sie gemeinsam Lösungen, die für Sie und den Mitarbeiter akzeptabel sind.
- Seien Sie so flexibel, Ihre Meinung im Gespräch zu verändern, wenn sich hierzu sachlich begründete Ansätze ergeben.
- Fassen Sie zusammen und bilden Sie Zwischenergebnisse.
- Verlieren Sie das Gesprächsziel und den roten Faden nicht aus den Augen.

Phase 6: Abschluss

- Fassen Sie alle wichtigen Punkte noch einmal zusammen.
- Vereinbaren Sie konkrete Punkte und Termine zur weiteren Vorgehensweise. Halten Sie diese schriftlich fest.
- Finden Sie einen positiven, motivierenden Abschluss.

Bereiten Sie das Mitarbeitergespräch nach und werten Sie es hinsichtlich des Sachverhaltes und Ihres Gesprächspartners aus.

Einige Anregungen

- Welche Maßnahmen müssen Sie veranlassen?
- Welche (Gesprächs-)Ziele haben Sie erreicht?
- Ist die Vorgehensweise (was, wer, bis wann, an wen) komplett festgelegt?
- Müssen andere Personen involviert werden?
- Welche neuen Erkenntnisse haben Sie über Ihren Gesprächspartner gewonnen?
- Was sollten Sie bei zukünftigen Gesprächen beachten?
- Was würden Sie beim nächsten Gespräch anders machen?

Gesprächszyklen in der Praxis

Mindestens in größeren Unternehmen sind einige der aufgeführten Mitarbeitergespräche durch eine Gesprächssystematik organisiert. Man spricht von „Systemen", abgeleitet aus der systemischen Führungs- und Organisationslehre. Typisch sind „Personalsysteme mit Beurteilungs-/Feedbackzyklen", „Zielvereinbarungs-" oder ähnliche Systeme.

Das heißt in der Praxis: In zeitlich definierten Abständen muss jede Führungskraft bestimmte Mitarbeitergespräche führen, um damit eine Grundlage für Leistungs- und Potenzialeinschätzung seitens des Unternehmens gegenüber dem Mitarbeiter zu schaffen. Die Ausgestaltung und die Bezeichnungen der damit einzusetzenden „Führungsinstrumente" erfolgen unternehmensindividuell.

Besprechungen leiten, lenken, moderieren

Durch eine gute Besprechungsleitung und Steuerung können Sie sehr zur Effizienzsteigerung beitragen und Ihre Rolle als Führungskraft positiv ausschöpfen.

Fragt man in der Praxis herum, stellt sich ein Kernpunkt heraus: Viele Besprechungen werden als überflüssig oder als Zeitfresser empfunden. Gründe hierfür liegen zum einen in organisatorischen Punkten, zum anderen in kommunikativen Punkten und in der Leitung und Steuerung einer Besprechung.

Und die meisten Besprechungen werden von Führungskräften moderiert und gestaltet!

Hauptkritikpunkte sind:

- die Länge der Besprechungen,
- die erzielten bzw. nicht erzielten Ergebnisse der Besprechungen sowie
- das Kommunikationsverhalten der Besprechungsteilnehmer.

Die folgenden Ausführungen beziehen sich auf Mitarbeiterbesprechungen. Viele der genannten Punkte gelten aber auch für alle anderen Besprechungen. Und bedenken Sie immer:

Als Führungskraft können Sie Besprechungserfolge entscheidend beeinflussen.

Einige Anregungen, beginnend mit der zentralen Frage …

To meet or not to meet … – Ist die Besprechung überhaupt notwendig und sinnvoll?

Das lässt sich mit den folgenden Leitfragen klären:

- Ist das Problem hinreichend definiert?
- Ist das Ziel genau und konkret genug beschrieben?
- Ist der Sachverstand, der zur Lösung des Problems nötig ist, bei verschiedenen Personen zu suchen?
- Ist es nötig, alle diese Personen zu einem gemeinsamen Gespräch zusammenzuholen, oder reicht es aus, ihr Wissen einzeln abzurufen?
- Rechtfertigt eine Kosten-Nutzen-Rechnung die Besprechung (Besprechungszeit = Arbeitszeit)?
- Erlaubt die notwendige Größe der Gruppe eine sinnvolle Besprechung?
- Können bei der Besprechung Konflikte entstehen, die vorher bereinigt werden sollten?

Der Weg zur effektiven Besprechung

So schaffen Sie optimale Rahmenbedingungen für Ihre Besprechung

Schritt 1:	Bauen Sie eine positive Gesprächsatmosphäre auf!
Schritt 2:	Legen Sie die Besprechung systematisch an!
Schritt 3:	Lenken Sie Ihre Besprechungen – wer fragt, der führt!
Schritt 4:	Moderieren statt manipulieren!
Schritt 5:	Nutzen Sie Diskussionen konstruktiv!
Schritt 6:	Geben und empfangen Sie Feedback!

Die Schritte der effektiven Besprechung

Schritt 1: Bauen Sie eine positive Gesprächsatmosphäre auf

- Begrüßen Sie die Teilnehmer.
- Stellen Sie die Teilnehmer vor, falls sie sich nicht kennen.
- Bleiben Sie von Beginn an immer freundlich, wohlwollend und ruhig (innere Ruhe).
- Lockern Sie die Atmosphäre mit warmherzigen oder scherzhaften Bemerkungen (aber niemals auf Kosten einer Person!) auf.
  Vermeiden Sie negative Formulierungen (unmöglich, leider, zweifelhaft etc.) und Killerphrasen.
- Erzeugen Sie ein „Wir-Gefühl", bei dem sich die Besprechungsteilnehmer mit dem Personenkreis identifizieren.
- Sprechen Sie daher immer die Gesamtgruppe an: „Unsere Besprechung", „Wir wollen gemeinsam ..." (Nicht: „Sie sollten sich ..." oder „Ihr Problem lautet ...").

Schritt 2: Legen Sie die Besprechung systematisch an

Grundsätzlich sollten Sie die Besprechung und die einzelnen in sich geschlossenen Besprechungspunkte systematisch aufbauen.

Einleitung:
- Anrede
- Begrüßung
- Bekanntgabe der Regeln und Rahmenbedingungen (dazu zählt auch alles Organisatorische, d. h. falls vorhanden z. B. Rauchregelung, Pausenzeiten, Menübestellung, Anwesenheitslisten etc.)
- Einführung ins Thema mit Zielvorstellung

Hauptteil:
- Sachinformation (z. B. mit einer Präsentation, siehe nachfolgend), Diskussion und Sachbehandlung

Schluss:
- Zusammenfassung
- Ergebnis
- Protokollanfertigung

Schritt 3: Lenken Sie Ihre Besprechung – wer fragt, der führt

Als guter Besprechungsleiter stellen Sie Fragen, um

- den Inhalt von Beiträgen deutlich werden zu lassen
    - „Woran denken Sie im Einzelnen?"
    - „Können Sie uns ein Beispiel geben?"

- Abschweifungen und Nebensächlichkeiten erkennbar zu machen
    - „Ist das für unser Thema wichtig?"
    - „Ist dies ein wichtiger Punkt?"

- entstehenden Konflikten entgegenzuwirken
  - „Sollten wir uns nicht auf das Thema konzentrieren?"
  - „Wollen Sie dies nicht lieber später in anderem Kreis diskutieren?"

- deutlich zu machen, dass Sie auf die Einhaltung von Spielregeln Wert legen
  - „Erst Sie, dann Sie, dann Sie … Einverstanden?"
  - „Könnten Sie den Beitrag noch mal wiederholen, ich glaube die … haben ihn nicht gehört?"

- Einverständnis festzustellen und zu kontrollieren
  - „Sind Sie einverstanden?"
  - „Können Sie mit diesem Vorschlag leben?"
  - „Ist Ihre Frage damit beantwortet?"

Schritt 4: Moderieren statt manipulieren

Eine Moderation ist das Begleiten und Vermitteln von Gesprächsinhalten der verschiedenen Teilnehmer. Die Aufgabe ist die Vermittlung von Gesprächsinhalten, die Festlegung der Regeln sowie Schlichtung von Streitigkeiten und Abbau von Spannungen.

Leiter sollten maximal 20 % der Redezeit beanspruchen und hauptsächlich für den Fortgang und die Entscheidungsfindung sorgen, nicht dominieren.

Präsentation

Innerhalb einer Besprechung können auch verschiedene Themen präsentiert werden.

Die Rolle des Präsentierenden muss nicht mit der der Besprechungsleitung identisch sein. In der Regel präsentiert entweder der Besprechungsleiter und/oder ein Besprechungsmitglied zu einem bestimmten Thema.

Dies können beispielsweise Ergebnisse eines Arbeitsprozesses sein oder fachliche Aspekte, die für eine anschließende Diskussion benötigt werden, um zu einer Entscheidung zu gelangen.

Weiterhin kann ein Mitarbeiter Vorschläge zu einem Thema, welches alle Teilnehmer betrifft, präsentieren, damit die anderen Mitarbeiter eine gemeinsame Grundlage für eine spätere Entscheidungsfindung haben.

> Der Erfolg einer Präsentation ist abhängig von der gewählten Präsentationsform und den hierfür benutzten Materialien und Medien.

Nicht jedes Medium ist gleichermaßen für alles geeignet. Weiterhin sind der Raum, die technischen Möglichkeiten, sowie – nicht zuletzt – die Zielsetzung und der Inhalt der Präsentation zu bedenken. In einer überzeugenden Präsentation gelingt es dem Präsentierenden, die Zuhörer für seine Argumentation zu gewinnen und zu überzeugen. Man findet oft ein Zuviel des Guten (zu hoher Medieneinsatz für simple Botschaften) oder ein Zuwenig (Medieneinsatz wird als Schnickschnack abgetan). Präsentieren Sie angemessen!

Schritt 5: Nutzen Sie Diskussionen konstruktiv
Eine Diskussion bedeutet, zu einem Thema verschiedene Meinungen anzuhören, auszutauschen und gegebenenfalls zu einer gemeinsam verabschiedeten Lösung zu gelangen.

Schritt 6: Geben und empfangen Sie Feedback
- Geben Sie immer höflich, taktvoll und nicht verletzend Feedback. Ihre Gesprächspartner sollten das Gesicht wahren können.
- Beschreiben Sie das jeweilige Verhalten möglichst konkret.
- Geben Sie Feedback nur aufgrund eigener Beobachtungen und nicht auf Grundlage von Mutmaßungen und von anderen Ihnen zugetragenen Vermutungen.
- Sprechen Sie in der eigenen Person (Ich-Botschaften).
- Stellen Sie Ihre Sicht der Dinge dar, ohne sich in eine Abwehr- oder Verteidigungssituation zu begeben.
- Machen Sie Ihrem Gesprächspartner deutlich, dass das Feedback bei Ihnen angekommen ist.

Typische Probleme bei Besprechungen: Wie man sie bewältigt

Problem: Langatmige, endlose Beiträge eines/einer Einzelnen.

Nicht:	Sondern:
„Sind Sie bald fertig?" Oder: „Sie sind ein lästiger Dauer- redner."	„Sie haben Ihren Sachbeitrag so ausführlich dargelegt, dass wir Gefahr laufen, unseren Zeitplan nicht einzuhalten." Oder: „Wie wäre es, wenn die anderen auch ihre Auffassung dazu äußern?"

Problem: Ein Teilnehmer ist dominierend und Argumenten nicht zugänglich.

Nicht:	Sondern:
„Sie sind rück- sichtslos." Oder: „Halten Sie sich doch bitte mal zurück."	„Sie vermitteln mir und ich glaube auch den anderen Teilnehmern einen anderen Argumenten gegenüber sehr reservierten bzw. ablehnenden Eindruck."

Problem: Ein Teilnehmer stellt Behauptungen in den Raum.

Nicht:	Sondern:
„Was Sie da sagen, ist purer Quatsch!"	„Was Sie uns vortragen, sind Spekulationen." Oder: „Würden Sie uns bitte Fakten und Beweise geben?"

Problem: Ein Teilnehmer greift einen anderen persönlich an.

Nicht:
„Sie sind unfreund- lich und aggressiv."

Sondern:
„Wir bemühen uns um Sachpro- bleme, daher ist es nicht ver- ständlich, warum Sie persönliche Angriffe starten."
Oder: „Sollten wir uns nicht um Sachlichkeit bemühen?"

Problem: Ein Teilnehmer fällt einem anderen immer wieder ins Wort.

Nicht:
„Jetzt quatschen Sie doch nicht immer dazwi- schen!"

Sondern:
„Wollen wir uns nicht zuerst Herrn/Frau ... zu Ende anhören?"
Oder: „Lassen Sie doch bitte Herrn ... erst ausreden."

Problem: Ein Teilnehmer verwendet Killerphrasen, um die Diskussion „abzuwürgen" (z. B. „Das haben wir schon immer so gemacht." „Wer soll denn das bezahlen?").

Nicht:
„Das bringt uns doch nicht weiter."

Sondern:
„Ein interessanter Vorschlag! Lassen Sie uns doch mal sehen, ob und wie wir diesen realisieren könnten."

- gut vorbereitet in die (Mitarbeiter-)Besprechung kommen.
- die Besprechung pünktlich beginnen und rechzeitig beenden.
- sich um Neutralität bemühen und die Anwesenden nicht durch ein vorzeitiges Nennen der eigenen Meinung manipulieren.
- zu erkennen geben, welche Inhalte und Themen der Besprechung zur Kenntnisnahme bestimmt sind (reine Informationsvermittlung), welche Themen von wem präsentiert werden (aufbereitet und vorbereitet) und welche Themen diskutiert werden sollen, also ein Meinungsaustausch mit gemeinsamer Lösungsfindung angestrebt wird.
- die Besprechungsziele im Auge behalten und immer auf das Thema zurückkommen.
- auf ein gutes Besprechungsklima achten und keine persönlichen Angriffe zulassen.
- störende Konflikte abbauen helfen, damit die Kontrahenten anschließend wieder mitarbeiten, oder diese auf ein anderes Gespräch und einen anderen Zeitpunkt verweisen.
- den Zeitbedarf überwachen.
- über Fragen die Besprechung leiten.
- zum richtigen Zeitpunkt eine Pause machen.
- zurückhaltende Teilnehmer aktiv einbeziehen und in den Vordergrund drängende Teilnehmer höflich aber bestimmt unterbrechen bzw. zurückführen.
- auf einen systematischen Ablauf achten.
- Ergebnisse zusammenfassen, Wichtiges wiederholen, unterstreichen, herausstellen und gegebenenfalls visualisieren.
- sich am Ende bei Ihren Besprechungsteilnehmern bedanken.
- darauf achten, dass die erzielten Ergebnisse auch in die Praxis umgesetzt werden.

Auf den Punkt gebracht

- Information und Kommunikation mit dem Mitarbeiter sind zentrale grundlegende Aufgaben in der Mitarbeiterführung. Nur gut informierte Mitarbeiter können optimale Arbeitsergebnisse erzielen.

- Als Führungskraft stellen Sie nicht nur Informationen sicher und leiten diese weiter, sondern wissen, welche Kommunikationssituation welche Kommunikationsform erfordert.

- Sie führen Gespräche zu verschiedenen Anlässen mit dem Mitarbeiter, um ihn individuell zu führen.

- Weiterhin leiten, steuern und lenken Sie Kommunikationssituationen wie Besprechungen mit mehreren Mitarbeitern bzw. Beteiligten zielorientiert und kompetent.

Die Umsetzung des Führungs- und Leistungsprozesses

Der Führungs- und Leistungsprozess umfasst vier elementare Schritte, die von der Führungskraft kommunikativ kompetent umzusetzen sind. Im Folgenden wird jeder Schritt in einem eigenen Kapitel behandelt:

Schritt 1: dem Mitarbeiter Orientierung geben
⇨ **Kapitel 3**

Schritt 2: loslassen und Rückmeldung geben
⇨ **Kapitel 4**

Schritt 3: Bilanz ziehen
⇨ **Kapitel 5**

Schritt 4: entwickeln und fördern
⇨ **Kapitel 6**

Die Schritte sollten innerhalb eines Betriebs in relativ einheitlicher Form erfolgen. Dazu ist es sinnvoll, inhaltlich definierte Mitarbeitergespräche für die einzelnen Schritte zu nutzen.

Auch sind die Schritte in ein „Gesamtsystem" eingebunden und sie definieren einen „Führungs- bzw. Feedback-Regelkreis". Dieser Regelkreis ist in der vorderen Umschlagklappe des Buches grafisch dargestellt.

3   Dem Mitarbeiter Orientierung geben

Am Anfang des Regelkreises steht die wichtige Führungsaufgabe, dem Mitarbeiter die Möglichkeit der Orientierung zu geben und ihm dazu entsprechende Hilfestellungen anzubieten. In den Betrieben haben sich dazu eine Reihe von Gesprächsformen entwickelt, die sich nicht völlig gegeneinander abgrenzen lassen, sondern jeweils Schwerpunkte setzen.

Die verschiedenen Gesprächsformen als Führungsinstrumente

Führungsinstrument: Mitarbeiter(-jahres)-/ -orientierungsgespräch

Das Gespräch dient als Instrument des offenen Gedanken- und Erfahrungsaustauschs über alle Aspekte der Arbeit und Zusammenarbeit. Das Mitarbeiter(-jahres)-gespräch ist Basis für die Schaffung von Perspektiven und das Erreichen gemeinsamer Ziele und dient dem Mitarbeiter zur Orientierung. Es handelt sich nicht um eine Beurteilung der Arbeitsleistung und auch nicht zwangsweise um eine Zielvereinbarung (auch wenn diese sehr oft mit dem Mitarbeiterjahresgespräch verbunden ist).

Führungsinstrument: Zielvereinbarungsgespräch

Hat das Unternehmen quantitativ und/oder qualitativ bestimmte Ziele definiert, so werden in der Regel Zielvereinbarungsgespräche geführt.
Da diese sich an quantitativ und qualitativ messbaren Zielen orientieren, ist die persönliche Perspektivenentwicklung nicht Gegenstand dieses Gespräches.

Führungsinstrument: Fördergespräch

Zumeist werden zum Zweck der persönlichen Perspektivenentwicklung zusätzlich Fördergespräche oder „Entwicklungsgespräche" in Unternehmen eingeführt, um mögliche Perspektiven mit dem Mitarbeiter zu besprechen und die konkrete Förderung und Entwicklung des Mitarbeiters nicht zu vernachlässigen.

Die Förderung kann aber ebenso als Teilaspekt in Mitarbeiter(-jahres)-/-orientierungsgesprächen angesprochen werden, sie darf nur nicht vernachlässigt oder gar ignoriert werden.

Gesprächsführung

Alle Gespräche, die als Führungsinstrumente das Ziel haben, dem Mitarbeiter Orientierung zu geben, haben einen ähnlichen Aufbau.

Inhalt des Mitarbeiter(-jahres)-/-orientierungsgesprächs

- Darstellung der persönlichen Arbeitssituation durch die Führungskraft und durch den Mitarbeiter
- Schaffung von Orientierungshilfen für den Mitarbeiter
- Eine offene Aussprache sowie Entwicklung und Vertiefung gegenseitigen Vertrauens
- Verantwortung und Eigeninitiative vom Mitarbeiter fordern und fördern
- Vertiefung Ihres Verständnisses als Führungskraft für das Erleben der persönlichen Arbeitssituation des Mitarbeiters
- Förderung Ihrer Kommunikation als Führungskraft mit Ihren Mitarbeitern
- Institutionalisierung der Kommunikation zur Unterstützung Ihrer Führungsarbeit

---

Das Mitarbeitergespräch soll sowohl fachliche als auch persönliche Perspektiven aufzeigen und eine realistische Rückmeldung geben bezüglich Zusammenarbeit, Information, Kommunikation und Organisation sowie dem Umgang miteinander, negativen und positiven Erlebnissen im Team oder direkt mit dem Vorgesetzten.

> Das Mitarbeiter(-jahres)-/-orientierungsgespräch ist kein Spontangespräch.

Der Mitarbeiter ist zu diesem Gespräch mit einem angemessenen zeitlichen Vorlauf einzuladen. Beide Parteien können sich vorbereiten. Es findet grundsätzlich als „Vier-Augen-Gespräch" statt. Gesprächsergebnisse sollten dokumentiert werden.
Dabei ist es aber vielfach üblich, dass die Dokumentation bei den Gesprächspartnern verbleibt, aber nicht an weitere Stellen (z. B. Personalabteilung) gegeben wird.
Vielmehr sind die Vorgesetzten aufgefordert, aus dem Gespräch abzuleitende Handlungskonsequenzen mit anderen angemessenen Mitteln weiter zu bearbeiten. Der Sinn ist klar: Das Vier-Augen-Gespräch soll wirklich offen und vertrauensvoll geführt werden können, aber die Ergebnisse nicht in der Schublade verschwinden, sondern notwendiges Handeln soll ausgelöst werden.

Sieben Themen als Anregung

1. Was wurde in den vergangenen zwölf Monaten hauptsächlich erreicht?
2. Was hat die Bewältigung der Aufgabe besonders gefördert oder behindert?
3. Falls Schwierigkeiten auftraten: Wie konnten diese behoben werden?
4. Welche Hauptarbeitsziele werden für die nächsten zwölf Monate erwartet?
5. Was sollen sich Mitarbeiter und Vorgesetzter vornehmen, damit diese Ziele erreicht werden?
6. Werden bestimmte Förderungs- und Fortbildungsmaßnahmen angestrebt?
7. Wie ist die Arbeitszufriedenheit des Mitarbeiters insgesamt?

Ziele vereinbaren

Ziele geben dem Mitarbeiter eine Orientierung über die Unternehmensziele und sagen ihm zugleich, wie er daran mitarbeiten kann. Er ist damit in der Lage, auch im Tagesgeschäft Prioritäten zu setzen. Bei der Zielvereinbarung geht es darum, dem Mitarbeiter in ehrlicher Form zu vermitteln,

- welchen Weg das Unternehmen wählt,
- warum die Mitarbeiter sich engagieren und einsetzen sollen,
- wofür die Mitarbeiter arbeiten und
- woran die Mitarbeiter gemessen werden.

Ziele sollen auf eine bestimmte Weise formuliert werden, Stichworte sind hier: als Ergebnis formuliert sein, realisierbar sein, konkret sein, messbar sein.

Bei der Einführung von Zielvereinbarungen steht vielfach nicht in Frage, welche Ziele gesteckt werden und wie, sondern ob das Instrument an sich sinnvoll ist. Deshalb:

> Zielvereinbarungen haben viele Vorteile!

Die Ziele im Einzelnen sind

... für das Unternehmen:

- Es werden strategische Ziele entwickelt, die von allen getragen werden.
- Zukünftige Entwicklungen werden früher erkannt und ermöglichen ein aktives Handeln statt Reagieren.
- Mittel zur Realisierung der unternehmerischen Ziele werden gezielt ausgewählt.
- Aufbau einer einheitlichen Unternehmenskommunikation und Führungskultur.
- Steigerung der Effizienz und Zufriedenheit der Mitarbeiter.
- Fehlverhalten und Fehlentwicklungen lassen sich frühzeitig erkennen und korrigieren.
- Identifikation der Mitarbeiter mit unternehmerischen Zielen steigt.

- Mitarbeiter denken mehr mit und zeigen größere Eigendynamik in Kreativität und Aktivität.
- Es werden Prioritäten gesetzt und die Konzentration auf bestimmte Aufgaben, Bereiche etc. steigt.

... für die Führungskraft:
- Es wird Klarheit über Unternehmensziele und unternehmerische Zusammenhänge geschaffen.
- Die Abstimmung verschiedener Bereiche wird verbessert.
- Der Mitarbeiter übernimmt mehr Verantwortung.
- Der Mitarbeiter erhält größere Gestaltungsfreiheit.
- Weniger Reibungsverluste, die durch Unklarheit, Interpretation und Improvisation entstehen.
- Die Kontrolle reduziert sich auf „Zielerreichungskontrolle", Abweichungsanalyse sowie Zwischenergebniskontrollen.
- Der Maßstab zur Beurteilung der Mitarbeiter ist objektiver.
- Steigerung der Sachlichkeit, z. B. bei Konflikten.

... für die Mitarbeiter:
- Mehr Kenntnisse der Unternehmensziele und Erwartungen.
- Selbstverantwortung und Freiraum wird erweitert.
- Größere Zufriedenheit und mehr Motivation.
- Es treten weniger Konflikte, die durch Missverständnisse oder unterschiedliche Erwartungen entstehen, auf.
- Über- und Unterforderungen gehen zurück.
- Der Mitarbeiter erhält einen Maßstab zur eigenen Leistungseinschätzung.
- Er bekommt mehr Sicherheit im Umgang mit den Leistungsanforderungen.
- Realisierbare Erfolgserlebnisse bei Erreichung der Ziele.

Auf den Punkt gebracht

- Orientierung geben ist der erste Schritt des Führungs-Regelkreises.

- Der Mitarbeiter soll Orientierung darüber erhalten, was von ihm erwartet wird, und es sollen mit ihm Ziele vereinbart werden, die erreicht werden sollen. Dies ist die Grundlage einer erfolgreichen Gestaltung des Führungsprozesses.

- Dabei sollte der Mitarbeiter eine aktive Rolle einnehmen und auch aus seiner Sicht Erwartungen und Sichtweisen einbringen, damit im laufenden Geschäft Missverständnisse vermieden werden und zielorientiertes Arbeiten möglich ist.

- Weiterhin ist dies die Grundlage, um im Weiteren die Leistungen des Mitarbeiters einzuschätzen, zu bewerten oder weiter zu fördern, was die nächsten Schritte im Regelkreis darstellt.

4 Loslassen und Rückmeldungen geben

Der zweite Schritt des Führungs- und Leistungsprozesses ist das „Loslassen" und „Monitoren". Darunter ist der gesamte Zeitraum zwischen „Orientierung geben" zu Beginn der Führungsperiode und der „Beurteilung" zum Ende der Führungsperiode zu verstehen.

Dieser Zeitraum muss von der Führungskraft gestaltet werden. Verstünde man „Loslassen" als Realisierung des Management by Delegation in Form von „Laufen- und Machenlassen" ohne weiteres Nachkontrollieren, Absprechen, Korrigieren, Anerkennen, so würde dies dem Anspruch an die Gestaltung der Führungsaufgaben nicht gerecht.

> Das Gestalten des „führungstechnischen" Loslassens liegt in großem Umfang im Ermessensspielraum des Vorgesetzten.

Begrifflichkeiten wie Feedback geben, Coachen, Rückmeldungen geben und Zwischenkontrollen durchführen sind zwar bekannt, werden aber zumeist nicht systematisch im Führungsprozess umgesetzt. Dabei ist gerade die „führungstechnische" Gestaltung des Loslassens die kompetente Weiterentwicklung des Orientierungsgespräches mit dem Mitarbeiter und die sachliche Grundlage für die Beurteilung des Mitarbeiters, die unweigerlich zeitlich folgt.

Aus diesem Grund kommt der Gestaltung des zweiten Schritts des Führungs- und Leistungsprozesses eine hohe aktuelle Bedeutung zu. In diesem Schritt sind sowohl die Realisierung der Ziele sowie deren Zwischenbetrachtungen vorgesehen.

Die Gestaltung dieser „Begleitung" des Mitarbeiters bei der Realisierung seiner Aufgaben umfasst folgende Punkte:

- das Feedback der Führungskraft in Form von Anerkennung und Kritik,
- das Motivieren des Mitarbeiters in Hinblick auf die Zielsetzungen,
- die Gestaltung der Fürsorge für den Mitarbeiter,
- dem Mitarbeiter Grenzen aufzeigen und Konsequenzen einleiten,
- Probleme ansprechen und Hindernisse auf dem Weg zum Ziel beseitigen,
- Konflikte erkennen, ansprechen, vorbeugend handeln.

Delegation als Grundlage des Loslassens

Delegieren entlastet nicht nur den Vorgesetzten. Es fördert die Zusammenarbeit, das selbstverantwortliche Denken und den gesunden Ehrgeiz.

> Delegieren heißt – unter Berücksichtigung geltender Bestimmungen – Aufgaben mit genau abgegrenzten Kompetenzen und Verantwortlichkeiten zur selbstständigen Erledigung Mitarbeitern übertragen.

Der Vorgesetzte wird dabei nicht seiner Verantwortung und Kontrolle enthoben.

Delegation setzt voraus, dass

- der Vorgesetzte unter sachlichen Beurteilungsgesichtspunkten die richtige Person auswählt,
- diese in entsprechender Weise fachlich geschult und für die Aufgabenübernahme vorbereitet wird,
- die Mitarbeiter eindeutige Aufgabengebiete haben,
- die Aufgaben definiert sind,
- die Aufgaben entsprechend kontrolliert werden können und auch kontrolliert werden,
- der Vorgesetzte in die Mitarbeiter Vertrauen hat und an

deren Erfolg bei entsprechender Entwicklung und Unterstützung glaubt,

- der Vorgesetzte seine Mitarbeiter zur Übernahme persönlicher und betrieblicher Verantwortung anleitet,
- der Vorgesetzte Möglichkeiten in den Arbeitsprozessen zur Delegation schafft und Hindernisse, die der Delegation im Wege stehen, beiseite räumt,
- der Vorgesetzte sich von dem Gedanken löst, alles selbst tun zu müssen, weil keiner es ihm gut genug macht,
- der Vorgesetzte Mitarbeiter zur Delegationsübernahme langsam heranführt, durch langsam wachsende Anforderungen an selbstständige Arbeiten gewöhnt und Teilverantwortlichkeiten Schritt für Schritt einräumt,
- der Vorgesetzte lernen muss, einen Teil seiner Macht mit Mitarbeitern zu teilen und dass seine Furcht, Autorität und Achtung durch Delegation zu verlieren, unbegründet ist.

Im Gegenteil, Mitarbeiter achten den Vorgesetzten am meisten, der nicht alles allein macht, sondern den, der sie wirklich selbstständig mitarbeiten lässt.

Was Sie auf keinen Fall delegieren sollten

- Motivation Ihrer Mitarbeiter
- Entscheidungen und grundlegende Vorgaben
- Kontrollen, ob die Ziele erreicht worden sind
- Förderung und Entwicklung Ihrer Mitarbeiter
- Ansprechmöglichkeit der Mitarbeiter bei persönlichen Sorgen
- Zusammenarbeit mit der nächsten Führungsebene
- außergewöhnliche Fälle (hohes Risiko, hohe Verantwortung, hoher Zeitdruck, hohes Konfliktpotenzial)
- vertrauliche Angelegenheiten

Feedback und Rückmeldungen geben

Eines der wichtigsten kommunikativen Instrumente zur Gestaltung des „Loslassens" ist das regelmäßige Rückmelden
und Feedback-Geben gegenüber dem Mitarbeiter. So weiß
der Mitarbeiter, ob seine Leistungen und sein Verhalten stimmen oder korrekturbedürftig sind.

Anerkennung und Kritik:
Feedback geben – Rückmeldegespräche

Es geht im Feedbackgespräch um das gemeinsame, zeitnahe
und situationsbezogene Besprechen von konkreten
Leistungen, Erfolgen und Fehlern, einschließlich der damit
verbundenen Anerkennung und Kritik. Ziel ist es, eine gute
Leistung des Mitarbeiters sicherzustellen. Feedback sollte
immer konstruktiv sein!
Lob und Anerkennung gehören zu den täglichen Führungsaufgaben. Sie werden in der Praxis viel zu selten ausgespro-
chen, weil gute Leistungen oft als Selbstverständlichkeit an-
gesehen werden. (Angemessenes) Lob trägt zum Aufbau des
Selbstbewusstseins des Mitarbeiters bei.
Kritik ist ein Instrument zum richtigen Umgang mit Fehlern
und Fehlverhalten. Konstruktive Kritik gibt Mitarbeitern die
Chance, fehlerhaftes Verhalten zeitnah zu korrigieren. Die
Führungskraft gibt den betroffenen Mitarbeitern Feedback in
einem Gespräch unter vier Augen. Anerkennung und Kritik
sind nur für den betroffenen Mitarbeiter bestimmt.

Anerkennung ausdrücken
Anerkennung unserer Leistungen steigert die Freude an der
Arbeit, spornt zu höheren Leistungen an und wirkt sich positiv auf das Betriebsklima aus.
Selbstverständlich kann man auch Anerkennung und Aufmerksamkeit durch nonverbale Signale und Botschaften sowie materielle Kleinigkeiten ausdrücken. Nicht jedesmal ist
ein Anerkennungsgespräch erforderlich oder notwendig.

Aber das Ausdrücken von Anerkennung und Aufmerksamkeit ist absolut erforderlich, egal welchen Weg Sie nehmen.

Anerkennung bewirkt:
- Das Selbstwertgefühl und die Selbstsicherheit Ihres Mitarbeiters steigen.
- Der Mitarbeiter hat ein Erfolgserlebnis.
- Der Mitarbeiter wird in der Betriebsstruktur bestätigt.
- Der Mitarbeiter wird zu weiteren guten Leistungen angespornt.
- Der Mitarbeiter wird an das Unternehmen gebunden.
- Sie schaffen einen Multiplikationseffekt, da auch andere Mitarbeiter nach Anerkennung streben werden.
- Der Mitarbeiter wird zum Mitdenker gemacht.

Auch schwächere Mitarbeiter brauchen Anerkennung und Bestätigung. Die Anerkennung muss aufrichtig sein und sich auf ein konkretes Leistungsergebnis beziehen.
Die Anerkennung sollte sachorientiert, differenziert und konkret sein und situationsbezogen unmittelbar nach der guten Leistung dem Mitarbeiter unter vier Augen vermittelt werden.

Anerkennung sollten Sie nicht zusammen mit Kritik vermitteln. Sonst reduzieren Sie die Wirkung von beiden Instrumenten.

Das Anerkennungsgespräch führen immer Sie als direkter Vorgesetzter. Angesprochen werden Leistungen und Verhaltensweisen (keine Charakterzüge), wobei Spitzen- und Dauerleistungen im Vordergrund stehen. Auch richtige Ansätze und Teilerfolge sollten von Ihnen bestätigt werden. Gruppenleistungen sollten Sie selbstverständlich der ganzen Gruppe gegenüber artikulieren und nicht nur einzelnen Mitarbeitern gegenüber.

Das Feedback

Feedback geben und Feedback empfangen sind im Gespräch die am besten geeigneten Instrumente, um zwischen beabsichtigter und tatsächlicher Kommunikation eine Brücke zu schlagen.

Das Feedback soll sein ...	
beschreibend	Das steht im Gegensatz zu bewertend, interpretierend oder Motive suchend. Indem man moralische Bewertung unterlässt, vermindert man im Anderen den Drang, sich zu verteidigen und die angebotene Information abzulehnen.
konkret	Das steht im Gegensatz zu allgemein. Allgemeine, pauschale Aussagen helfen dem Betroffenen nicht. Beispiel: Wenn man jemandem sagt, er sei dominierend, so hilft ihm das vielleicht viel weniger, als wenn man sagt: „Gerade jetzt, als wir in dieser Sache zu einer Entscheidung kommen wollten, haben Sie nicht auf das gehört, was andere sagten."
angemessen	Feedback kann zerstörend wirken, wenn wir dabei nur auf unsere eigenen Bedürfnisse schauen und wenn dabei die Bedürfnisse der anderen Person, der wir die Informationen geben wollen, nicht genügend berücksichtigt werden. Angemessenes Feedback muss daher die Bedürfnisse aller beteiligten Personen in rechter Weise berücksichtigen.

brauchbar

Es muss sich auf Verhaltensweisen beziehen, die der Empfänger zu ändern fähig ist. Wenn jemand auf Unzulänglichkeiten aufmerksam gemacht wird, auf die er keinen wirksamen Einfluss ausüben kann, fühlt er sich nur umso mehr frustriert.

zur rechten Zeit

Normalerweise ist Feedback am wirksamsten, je kürzer die Zeit zwischen dem betreffenden Verhalten und der Information über die Wirkung dieses Verhaltens ist. Es müssen jedoch auch noch andere Gegebenheiten berücksichtigt werden, wie die Bereitschaft dieser Person, solche Informationen anzunehmen und die äußeren Umstände (z. B. keine Anwesenheit anderer Mitarbeiter, genügend Zeit).

klar und genau formuliert

Das kann man nachprüfen, indem man den Empfänger auffordert, die gegebene Information mit eigenen Worten zu wiederholen und dann seine Antwort mit der Intention des Senders vergleicht.

Ihr Vorgehen beim Anerkennungsgespräch – was Sie beachten sollten

- Alle Mitarbeiter – ungeachtet persönlicher Sympathien oder Antipathien – gleich behandeln.
- Zeitnahes Lob einer konkreten Handlung, Leistung oder eines Teilerfolgs (keine Standardfloskeln).
- Andere Mitarbeiter nicht als Maßstab nehmen. Anerkennung der individuell von diesem Mitarbeiter erwarteten Leistung, zu der er in der Lage ist.
- Persönliche Aussprache von Lob und Anerkennung (unter vier Augen, damit sich andere nicht indirekt kritisiert fühlen).

Konstruktive Kritik üben

> Kritik üben wir immer dann, wenn der Mitarbeiter Fehler gemacht hat, es aber nicht weiß!

Obwohl Kritik noch kein Tadel ist (worauf wir nachfolgend eingehen), fällt es vielen Vorgesetzten nach wie vor schwer, konstruktive Kritik zu üben. Dabei gehört die konstruktive Kritik zu den selbstverständlichen täglichen Führungsaufgaben, und zwar genauso wie die Anerkennung von guten Leistungen.

In der Regel führen Sie als Vorgesetzter ein Kritikgespräch, wenn der Mitarbeiter aus Ihrer Sicht einen Fehler gemacht hat, dieses aber nicht bewusst getan hat und damit auch nicht weiß, dass sein Verhalten einen Fehler beinhaltet. Ihre Aufgabe als Vorgesetzter ist es, den Mitarbeiter auf diesen Fehler aufmerksam zu machen und mit ihm Wege und Möglichkeiten gemeinsam abzustimmen, diesen Fehler zukünftig abzustellen.

Die logische Folge ist damit: Wenn Führungskräfte Anerkennung und Beachtung sowie konstruktive Kritik und regelmäßige Kontrolle als Führungsinstrumente einsetzen, können sie sich und anderen viele Konflikte und Probleme im laufenden Führungsprozess ersparen.

Ihr Vorgehen beim Kritikgespräch

- Persönliche Einstellung prüfen. Will ich helfen?
- Problem offen ansprechen
- Wirkung hinterfragen
- Einsicht herbeiführen
- Verständnis erbitten
- Handlungsvorteile verdeutlichen
- Mitmachen zur Handlungskorrektur
- Bestätigung und konkrete Vereinbarung

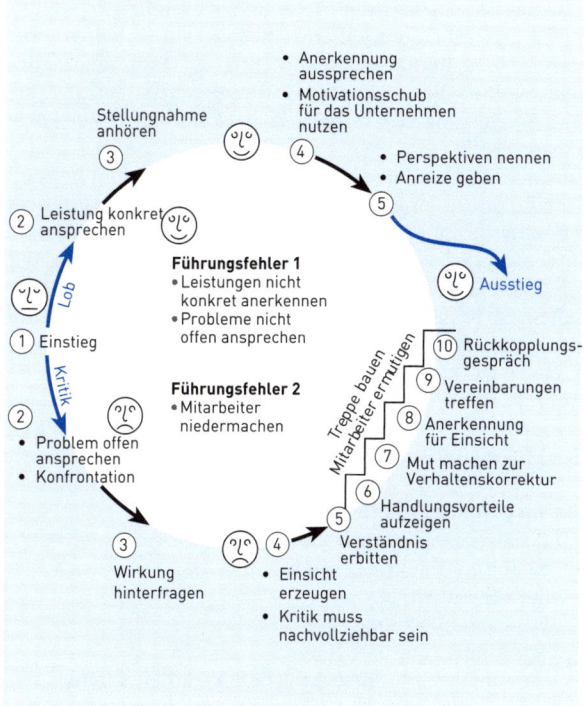

So wirken Anerkennungs- und Kritikgespräche

Wenn die Kritik nicht angenommen wird –
Der Tadel infolge wiederholter Kritik

Tadel wird immer dann angewendet, wenn der Mitarbeiter wissentlich, also bewusst etwas falsch macht.

Dem Tadelgespräch muss immer mindestens ein Kritikgespräch (in der Regel zwei Kritikgespräche) vorausgehen. In Abgrenzung zum Kritikgespräch findet das Tadelgespräch immer dann Anwendung, wenn trotz Erklärung und Gespräch ein Mitarbeiter nicht sein Verhalten nach dem Kritikgespräch in gewünschter Weise ändert, sondern so weitermacht wie bisher, obwohl er weiß, dass sein Verhalten nicht korrekt ist. In diesem Fall ist es wichtig, ein Instrument zu haben, welches die Grenzen und Konsequenzen aufzeigt, die eine Fortsetzung des Verhaltens des Mitarbeiters zur Folge haben wird.

Entsprechend einem adäquaten Führungsverhalten steht im Tadelgespräch der eindringliche Appell des Vorgesetzten an den Mitarbeiter, sein Verhalten zu ändern, im Vordergrund. Dem Gespräch liegt die Unterstellung zugrunde, dass der Mitarbeiter sich vielleicht gar nicht bewusst ist, dass sein Verhalten zu Konsequenzen führt. Im Gespräch wird darum auch die Frage gestellt, ob der Mitarbeiter diese Konsequenzen will bzw. bereit ist, diese in Kauf zu nehmen.

Wenn ja, dann muss dies als Entscheidung des Mitarbeiters akzeptiert werden. Wenn nein, dann gibt es keinen Grund für den Mitarbeiter, sein Verhalten nicht zu ändern.

Ihr Vorgehen bei Tadelgesprächen

- Positiver Einstieg mit Einschränkung,
- Fakten wertneutral nennen,
- Selbstbeurteilung,
- Ursachenforschung,
- Konsequenzen,
- erneute Vereinbarungen mit dem Mitarbeiter treffen.

Kontrolle ausüben

Kontrolle ist die allgemeine Überwachung des betrieblichen Geschehens. Sie ist eine Chance, erfolgreich zu führen. Bei allem Vertrauen, Kontrolle ist ein unverzichtbares Element im Prozess der Mitarbeiterführung.

> Die Kontrolle gibt die Möglichkeit, Fehler direkt zu korrigieren und gute Leistungen anzuerkennen.

Kontrolle ermöglicht also der Führungskraft, Sachthemen zu kontrollieren und dieses mit Feedback zu verbinden. Kontrolle ist klar Führungsaufgabe und als solche nicht delegierbar.

In der Regel übt nur der unmittelbar Vorgesetzte innerhalb seines Verantwortungsbereiches Kontrollen aus. Kontrolle ist immer zielorientiert einzusetzen. Allgemeine Floskeln wie „Alles klar?" sind eher dazu gedacht, Kontrolle zu vermeiden und von dieser Aufgabe entbunden zu werden.

> Kontrolle ist ein Ist-Soll-Vergleich. Kontrolle macht nur Sinn, wenn Sie vorher mit dem Mitarbeiter vereinbart haben, was erreicht werden soll.

Ansonsten wird Kontrolle für den Mitarbeiter sinnlos und ist wenig hilfreich.

Fehlende Kontrolle kann demotivierend wirken

Ist eine Vereinbarung getroffen und der Vorgesetzte kontrolliert nicht, ist das für den Mitarbeiter nicht motivierend, da er bei gutem Ergebnis eine Anerkennung erwartet. Wenn etwas nicht der Aufgabenstellung entspricht, erwartet der Mitarbeiter von seinem Vorgesetzten konstruktive Kritik, um bei der nächsten Kontrolle für die entsprechende Korrektur der Leistung oder des Verhaltens vom Vorgesetzten gelobt und anerkannt zu werden.

Weitere Führungsaufgaben im laufenden Führungs- und Leistungsprozess

Auch hier sind Sie laufend gefragt – Motivation der Mitarbeiter

Über Motivation gibt es so reichlich Standpunkte wie Literatur. Wir nähern uns dem Thema praxisnah vom Führungsalltag her. Motivation ist zunächst einfach die „Triebfeder" unseres Handelns, sie ist der innere Antrieb, der uns zum Handeln veranlasst. Sie ist Bewegungs- und Veränderungsursache, stellt Energie dar, die – wenn sie nicht gehemmt wird – Aktivität auslöst. Das Wort „Motivation" leitet sich wie „Motiv" und das englische „movement" vom lateinischen „movere" ab, das „bewegen" bedeutet. Zu Deutsch ist Motivation gleichbedeutend mit den Motiven, Gründen und Zielen, die jemanden veranlassen, aktiv zu werden, zu handeln, etwas zu bewegen.

Handlungsmotive treten nicht isoliert auf, sondern in Kombination. Es sind stets mehrere Motive, die das Verhalten einer Person bestimmen. Jeder Mensch hat eine unterschiedliche Motivationsstruktur. Es gibt also kein einheitliches Motiv, das alle Mitarbeiter bewegt, ihre Leistungen und ihren Einsatz im Sinne des Unternehmens zu steigern.

Motivation und verstärktes Engagement werden dann erreicht, wenn die Bedürfnisse des Mitarbeiters – zumindest stückweise – bei der Arbeit berücksichtigt werden. Eigene Leistung in Verbindung mit einer sinnvollen, interessanten, vielseitigen und verantwortungsvollen Aufgabe und dem damit verbundenen Erfolgs- und Anerkennungserlebnis motiviert die Menschen am meisten.

Wichtig ist, die Mitarbeiter nicht einfach nur mit den Anforderungen zu konfrontieren, sondern ihnen die Chance zu geben, zu lernen und zu wachsen. So können sie auch in Zukunft die ihnen zugedachten Aufgaben erfüllen, ohne dass ihre Motivation abnimmt.

18 Tipps, wie Sie mehr Motivation und Arbeitszufriedenheit erreichen können

- Klare Definition von Funktionen, Aufgaben, Kompetenzen und Vollmachten.
- Jeder Mitarbeiter muss wissen, wie seine Stellung ist und welche Bedeutung seine Arbeit für das Gesamtunternehmen hat (Sinn der Arbeit).
- Nicht nur das Was und Wie, sondern auch das Warum dem Mitarbeiter erläutern.
- Versprechungen müssen gehalten werden.
- Die Rahmenbedingungen müssen für die Erfüllung der Aufgabe gegeben sein.
- Gute Einführung neuer Mitarbeiter durch Hilfestellungen, soziale und fachliche Unterstützung.
- Herausforderungen und interessante Tätigkeiten für die Mitarbeiter schaffen.
- Mehr Anerkennung und Lob. Kleinigkeiten aus Sicht der Führungskraft sind manchmal Heldentaten für den Mitarbeiter.
- Regeleinhaltung in der Kommunikation, z. B. Vier-Augen-Gespräche, keine Kritik vor Dritten etc.
- Selbstständige Arbeit oder Arbeitsanteile ermöglichen.
- Entwicklung von gemeinsamen Zielen zwischen Führungskraft und Mitarbeiter.
- Delegation von Entscheidungsspielräumen.
- Rechtzeitige und ausreichende Information der Mitarbeiter.
- Einräumen von Vorschlagsrechten, Planungs- und/oder Entscheidungsrechten für die Mitarbeiter.
- Gerechtes Lohn- und Gehaltsgefüge.
- Beurteilungen durchführen und mit den Mitarbeitern besprechen.
- Potenziale ermitteln und Entwicklungsmöglichkeiten mit den Mitarbeitern besprechen.
- Rechtzeitige Schulung und planvolle Weiterbildung.

Ein Patentrezept für mehr Motivation gibt es nicht. Die Mitarbeiter, die in einem Unternehmen neu anfangen, bringen eine Grundmotivation mit. Diese Motivation zu erhalten und zu steigern ist zentrale Aufgabe der Führungskraft.

Deswegen kommt der Personalauswahl, der Einarbeitung neuer Mitarbeiter und der Weiterentwicklung bestehender Mitarbeiter eine große Bedeutung zu.

Führungsinstrument Motivationsgespräch

Mit einem Gespräch ist das Thema Motivation für die Führungskraft nicht erledigt. Im Gegenteil, in allen anderen Mitarbeitergesprächen finden sich Elemente des Motivationsgespräches wieder. Dies bedeutet:

> Eine „motivierende Kommunikation" ist die Grundlage für eine erfolgreiche Führung.

Das Grundprinzip der Motivation ist überall anzuwenden. Dafür müssen Sie die Bedürfnisse des Gegenübers kennen oder erfragen und entsprechend diesen Bedürfnissen Anreize oder reizvolle Ziele bieten. Sie sollten anschließend nachfragen, ob Ihr Gegenüber dieses Ziel auch reizvoll findet. Anschließend ermöglichen Sie ihm aktiv zu werden, z. B. durch Einbringen seiner Ideen für die Umsetzung sowie seine Beteiligung bei der späteren Realisierung.

So gehen Sie im Motivationsgespräch vor:
- Wählen Sie einen positiven Einstieg – z. B. Lob einer konkreten Handlung.
- Nennen Sie ein reizvolles Ziel.
- Stellen Sie die Frage: „Machen Sie mit?"
- Holen Sie die Zustimmung des Mitarbeiters ein.
- Geben Sie Anerkennung.
- Beziehen Sie den Mitarbeiter ein über die Frage: „Was schlagen Sie vor?"
- Treffen Sie dann eine konkrete Vereinbarung.

Von der Demotivation bis zur inneren Kündigung

Das Gegenteil von Motivation ist Demotivation. Beides bedeutet Bewegung. Motivation im positiven Sinne lenkt die Aktivitäten in eine produktive Richtung. Demotivation lenkt die Energie in eine entgegengesetzte, destruktive Richtung. Demotivierte Mitarbeiter setzen ihre Energie dafür ein, sich über Dinge aufzuregen und ihren Ärger herumzuerzählen. Sie beschäftigen sich mehr mit sich selbst als mit Sachfragen. Sie wenden ihre Aktivität weniger frustrierenden Zielen, in der Regel außerhalb ihres Arbeitsplatzes, zu.

Diese Energie geht dem Unternehmen im günstigsten Fall nur verloren. Oft richtet sich der Energieeinsatz aber sogar gegen das Erreichen der unternehmerischen Ziele.
Wird diese Energie durch entsprechende Führungsmaßnahmen nicht wieder zugunsten des Unternehmensziels zurückgewonnen, manifestiert sich die Demotivation und führt zu offenen oder versteckten Aggressionsäußerungen, zum Zurückziehen und Schmollen oder im schlimmsten Fall zur inneren Kündigung.

Innere Kündigung erkennen – einige Tipps
Überbewerten Sie das Auftreten einzelner Signale nicht. Nicht jeder Mitarbeiter, der mangelnde Überstundenbereitschaft an den Tag legt oder länger nicht beim Friseur war, hat bereits innerlich gekündigt.
- Achten Sie vielmehr darauf, ob mehrere Signale der inneren Kündigung bei einem Mitarbeiter über einen Zeitraum auftreten.
- Überprüfen Sie die Anzeichen konkret in einem bzw. mehreren Mitarbeitergesprächen.

Präventive Maßnahmen gegen die innere Kündigung
Durch ein mitarbeiter- und leistungsorientiertes Führungsverhalten können Sie der inneren Kündigung Ihrer Mitarbeiter vorbeugen.

- Steuern Sie einen „klaren Kurs" und werden Sie zu einem verlässlichen Partner für Ihre Mitarbeiter.
- Lassen Sie Ihren Mitarbeitern hinreichende Entscheidungsspielräume.
- Zeigen Sie Ihren Mitarbeitern, dass Sie diese als Menschen akzeptieren und nicht nur „Arbeitsmaschinen" in ihnen sehen.
- Unterstützen und schützen Sie Ihre Mitarbeiter.

Fehlzeiten reduzieren

Hohe Fehlzeiten sind für die Unternehmen ebenso wie die innere Kündigung von Mitarbeitern zu einem echten Kostenproblem geworden. Oft gehen innere Kündigung und Fehlen des Mitarbeiters ja Hand in Hand bzw. weisen aufeinander hin, jedoch muss dies nicht immer so sein. Erfahrungswerte in Unternehmen haben ergeben, dass ein Prozentsatz um 50 % motivationsbedingte Ursachen hat.

Spricht man von Reduzierung der Fehlzeiten als Führungsaufgabe, so ist in der Regel der Krankenstand und das Fehlen von Mitarbeitern gemeint, da die Urlaube und die gesetzlichen Regelungen von der Führungskraft natürlich nicht beeinflussbar sind.

Stellen Sie als Führungskraft zum einen sicher, dass die Mitarbeiter, die wirklich krank sind, ausreichend Zeit zur Erholung haben. Beschäftigen Sie sich zum anderen zielorientiert mit den betrieblichen Krankheitsursachen, persönlichem Verhalten und sozialen Umfeldfaktoren des Mitarbeiters.

Zur konsequenten Bearbeitung von Fehlzeiten sollten Sie

- die Fehlzeiten analysieren,
- die Mitarbeiter kontinuierlich informieren und das Bewusstsein für Fehlzeiten beim Mitarbeiter sensibilisieren sowie
- Maßnahmen präventiver Art (wie ergonomische Arbeitsplatzgestaltung, Weiterbildungen zum Thema gesunde Ernährung, Stressabbau, Bewegung) einleiten.

Weiterhin sollten Sie konkrete Maßnahmen zur Senkung der Fehlzeiten ergreifen:

- die Analyse von Fehlzeiten aufgrund der Erfahrungs-/ Vergleichswerte in Ihrem Arbeitsbereich,
- das gezielte Gespräch nach jeder Krankheit/Fehlzeit (Rückkehrgespräch),
- Kontakt halten mit kranken Mitarbeitern,
- das wiederholte Gespräch mit Mitarbeitern, die Fehlzeiten ausnutzen (Blaumacher),
- der professionelle Umgang mit Suchtkranken.

Führungsinstrument Rückkehrgespräch

Das Rückkehrgespräch wird bei der Rückkehr des Mitarbeiters aus jeder Erkrankung geführt.

Das Gespräch führt der unmittelbare Vorgesetzte und es dient der Begrüßung des aus Krankheit „zurückgekehrten" Mitarbeiters.

Kontakt halten zu kranken Mitarbeitern

Kontakt zu halten mit kranken Mitarbeitern gehört zu den Fürsorgepflichten der Führungskraft. Viele Menschen leiden unter der sozialen Isolation bei einer Krankheit und freuen sich über Grüße, Anrufe oder Besuche von Kollegen und Vorgesetzten. Natürlich sollte der Kontakt mit dem betroffenen Mitarbeiter abgestimmt sein und nicht gegen seinen Willen erfolgen.

Für den Mitarbeiter kann es sehr wichtig sein, mit Informationen über Änderungen in seinem Arbeitsbereich „auf dem Laufenden" gehalten zu werden sowie auch keine Angst zu entwickeln, dass er den Anschluss nach seiner Krankheit an das geforderte Leistungsniveau nicht schafft.

Ein Gespräch über Wiedereingliederungsmaßnahmen nach einer längeren Krankheit kann sehr hilfreich sein. Je nach individuellem Fall werden solche Maßnahmen nach der Sozialgesetzgebung gefördert und dann von der Personalabteilung mitbetreut.

Führungsinstrument Präventionsgespräch

Je nach Unternehmen und deren getroffenen betrieblichen Vereinbarungen wird das Rückkehrgespräch synonym als Präventionsgespräch bezeichnet oder als getrenntes Gespräch mit unterschiedlicher Grundlage mit gleichem Ziel, nämlich die Reduzierung der Fehlzeiten zu erreichen, gehandhabt.

> Dem Präventionsgespräch liegen formale Aspekte zugrunde.

Dazu zählen eine bestimmte Anzahl von Fehltagen in Folge oder mehrere Fehlzeiten innerhalb eines definierten Zeitraumes, unabhängig von der Länge der Fehlzeiten. Das Präventionsgespräch ist institutionalisiert und wird in der Regel von der Personalabteilung angestoßen, um, neben den oben genannten Zielen des Rückkehrgespräches, das auffällig erscheinende Fehlzeitenverhalten von Mitarbeitern vom Vorgesetzten überprüfen zu lassen.

Die Überprüfung ist aber nur insofern relevant und zulässig, ob die Fehlzeiten durch Umstände am Arbeitsplatz bedingt sind, damit diese entsprechend bearbeitet und ggf. beseitigt werden können oder dem Mitarbeiter eine entsprechende Hilfe angeboten wird.

Das wiederholte Gespräch für Mitarbeiter, die Fehlzeiten ausnutzen

Wenn Sie bei Mitarbeitern ein auffälliges Fehlzeitenverhalten feststellen, müssen Sie dieses ansprechen. Das ist zum Beispiel der Fall, wenn ein Mitarbeiter öfters unentschuldigt ohne Attest fehlt.

Zeigen Mitarbeiter auffälliges Fehlzeitenverhalten in die Richtung, dass sie das Fehlen zu Freizeitzwecken ausnützen und dies zu Lasten ihrer Kollegen, sollten Sie rechtzeitig einschreiten, dem Mitarbeiter konsequent Grenzen aufzeigen und auf eine Verhaltensänderung hinwirken. Zeigt die Ansprache keine Wirkung, greift ein gestaffeltes Vorgehen mit arbeitsrechtlichen Konsequenzen.

Vorgehen bei Mitarbeitern, die Fehlzeiten ausnutzen

1. Gespräch (Rückkehrgespräch)

- Hinweis auf das auffällige Fehlverhalten
- Vereinbarung mit dem Mitarbeiter, sein Verhalten innerhalb einer bestimmten Zeitspanne zu ändern
- Vereinbarung eines zweiten Gesprächstermins
- Festhalten der Gesprächsergebnisse im Protokoll

2. Gespräch

- Mit Rückgriff auf das Ergebnis des ersten Gespräches wird die Verhaltensänderung besprochen. Sollte diese nicht erfolgt sein, werden nun Konsequenzen, die bei einer Nichtänderung des Verhaltens des Mitarbeiters drohen (s. Tadelgespräch), klar aufgezeigt.
- Dem Mitarbeiter klar machen, dass beim nächsten Gespräch Betriebsrat, nächste Führungsebene, Vertreter der Personalabteilung involviert werden.
- Erneute Protokollerstellung

3. Gespräch

- Nun werden dritte Personen involviert. Das Gespräch findet unmittelbar nach erneuter Fehlzeit statt.
- Es werden harte Konsequenzen wie Abmahnung, Versetzung angesprochen.
- Erneute Protokollerstellung

4. Gespräch

- Das Gespräch wird auf oberster Entscheidungsebene geführt.
- Der Mitarbeiter wird versetzt oder entlassen.
- Das Gespräch findet unmittelbar nach der erneuten Fehlzeit des Mitarbeiters statt.
- Auf jeden Fall rechtlich absichern.
- Auf Beteiligung des Betriebsrates achten.

- Achten Sie darauf, dass Arbeitsbedingungen und Arbeitsklima der Mitarbeiter gut sind.
- Leiten Sie ggf. entsprechende Maßnahmen in Bezug auf Arbeitssicherheit, Ergonomie, Technik und Arbeitsmedizin ein bzw. weisen Sie auf entsprechende Problemzonen hin.
- Informieren Sie und sensibilisieren Sie ihre Mitarbeiter für die Thematik Fehlzeiten.
- Bieten Sie den Mitarbeitern die Möglichkeit, sich zu informieren über:
  - gesunde Ernährung, Bewegung, sportliche Aktivität
  - Ergonomie und richtiges Sitzen am Arbeitsplatz
  - Entspannen und Umgang mit Stress
  - Umgang mit Konflikten, Mobbing
  - Rauchen, Alkohol und andere Suchtgefahren
  - Team und Zusammenhalt
- Achten Sie auf eine offene, wertschätzende Kommunikation miteinander und untereinander.
- Zeigen Sie, wie wichtig Ihnen Ihre Mitarbeiter sind und gehen Sie konsequent vor, damit die Mitarbeiter, die Sie ausnutzen, auf Dauer keine Chance haben.

Konflikte erkennen und lösen

Konflikte gehören mit zum Leben. Konflikte an sich sind nicht problematisch, da sie viele positive Funktionen erfüllen. Problematisch ist der Umgang mit Konflikten und die Form der Bewältigung.

Konflikte weisen auf Probleme hin. Sie erfordern Kommunikation und verhindern so Stagnation. Sie regen Interesse an und lösen Veränderungen aus. Sie führen zu Selbsterkenntnissen und verlangen nach Lösungen.

Um Teamleistungen erfolgreich zu erreichen, müssen die Teams lernen, konstruktiv mit Konflikten umzugehen und diese zu nutzen.

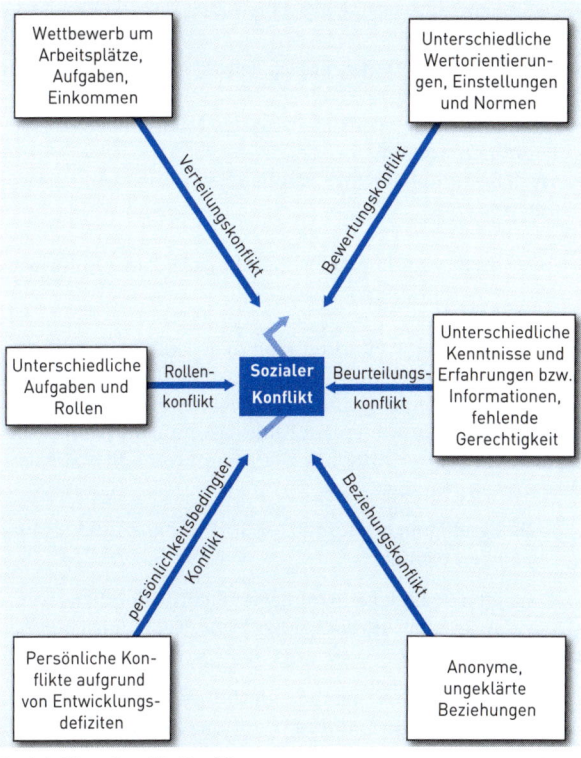

Soziale Ursachen für Konflikte

Konflikte enthalten auch Chancen

Für die Führungskraft liefern Konflikte viele wertvolle Informationen. Im voraus können Führungskräfte nicht auf alles und jeden bei Entscheidungen Rücksicht nehmen. So entstehen automatisch Konflikte.

Diese bieten aber die Chance, an Informationen zu gelangen, die eine Führungskraft sonst in der Regel nicht erfährt. So können Sie beispielsweise erfahren,

- wo im Team zwischen den Mitarbeitern die Chemie nicht stimmt,
- wie einzelne Mitarbeiter sich selber und ihre Leistungen sehen,
- wie Belastungen von den einzelnen Mitarbeitern wahrgenommen werden,
- welche „Probleme im Raum" stehen oder warum „etwas nicht stimmt".

Ob sich daraus ein konkreter Handlungsbedarf und für wen ergibt, ist im Einzelfall zu lösen.

Wichtig ist, dass die Führungskraft den Konflikt nicht als Bedrohung empfindet und ihn nicht „unter den Tisch kehrt" bzw. versteckt. Denn Konflikte entwickeln sich in aller Regel weiter, bis es zu gravierenden Fehlern kommt und dann richtig „knallt". Dann ist die Konfliktlösung wesentlich aufwendiger und schwieriger.

Alle Beteiligten am Konflikt sollten in die Konfliktlösung involviert werden.

Das ist in der Realität nicht immer einfach, da Konflikte, wenn sie sich ausbreiten, „Kreise ziehen" und viele Menschen betreffen.

Die Führungskraft hat die Aufgabe, diesen Konflikten auf den Grund zu gehen und damit das Konfliktfeld immer weiter einzuengen, bis der Konflikt geklärt ist.

Bei besonders schwierigen Konflikten empfiehlt es sich, einen neutralen Moderator oder Berater zur Diskussion und Klärung des Konfliktes hinzu zu ziehen.

Aus der Praxis wissen wir alle: Ein Vorgesetzter muss sich in seinem Führungsalltag einer Vielzahl von Konflikten stellen, die im direkten Bezug zur Arbeitsleistung der Mitarbeiter stehen und die auf ganz unterschiedlichen Ebenen liegen können:

- Der Mitarbeiter will mehr Gehalt, der Vorgesetzte möchte oder kann aber nicht mehr bezahlen.
- Der Mitarbeiter fehlt häufiger mit fadenscheinigen Begründungen.
- Die Mitarbeiter haben unterschiedliche Ansichten zu verschiedensten Themen.
- Ein Mitarbeiter meint, mit einem anderen Mitarbeiter nicht zusammenarbeiten zu können.
- Die Mitarbeiter sind in einem Punkt gänzlich anderer Meinung als Sie.

In all diesen Fällen sollten Sie als Vorgesetzter in der Lage sein, eigene Interessen zu artikulieren, die Interessen der Beteiligten anzuhören und zu berücksichtigen und gemeinsam eine Lösung zu entwickeln und in die Tat umzusetzen.
Erkennen Sie, wie Sie mit Konflikten umgehen. Trainieren Sie Ihr eigenes Konfliktverhalten, bauen Sie eventuelle Schwächen ab und lernen Sie, mit den Betroffenen entsprechend umzugehen.

So gehen Sie konkret bei Konflikten vor

- Um welche Art des Konfliktes handelt es sich?
- Ich-Botschaften verwenden
- Konflikte offen ansprechen
- Unterschiedliche Wahrnehmungen mitteilen und Standpunkte relativieren (alle Beteiligten involvieren)
- Hintergründe der Störung sachlich herausarbeiten
- Störungen in konkrete Wünsche umformulieren
- Allen Beteiligten die Chance geben, Vorschläge einzubringen
- Mögliche Einwände und Konsequenzen der Lösung prüfen, beurteilen und bewerten
- Verfahren und/oder Verhaltensweisen suchen, mit deren Hilfe die Konflikte geklärt werden können
- Einigung auf ein Verfahren zur Konfliktlösung, das für alle Beteiligten annehmbar ist

So beugen Sie Konflikten vor

Allein schon im täglichen Umgang miteinander lässt sich viel Zündstoff entschärfen, wenn Vorgesetzte besser auf die Art ihrer Kommunikation und den Umgang mit Mitarbeitern achten:

1. Verkomplizieren Sie die Dinge nicht und nennen Sie die Probleme beim Namen. Sprechen Sie die Dinge an, wenn sie anstehen. Fördern Sie eine angemessene Streitkultur. Aus Harmoniebedürfnis Konflikte nicht anzusprechen, führt nicht zu Lösungen.

2. Drücken Sie sich präzise aus und erklären Sie, was Sie meinen. Die meisten Konflikte entstehen durch Missverständnisse. Nicht jeder Mensch hat die gleichen Vorstellungen und Bilder im Kopf. Nicht jeder versteht unter z. B. Engagement, Vertrauen, Einsatzfreude und Zuverlässigkeit das Gleiche.

3. Unterstützen Sie Ihre Mitarbeiter darin, eine eigene Meinung zu haben, diese auch zu äußern und abweichende Meinungen nicht als Angriff oder Ablehnung zu verstehen, sondern als Chance für die Verbesserung einer Sache oder einer Situation.

4. Legen Sie gemeinsam mit Ihren Mitarbeitern Art und Weise sowie Spielregeln für die Kommunikation fest. Sorgen Sie für nette Begegnungen. Wenn die menschliche Ebene stimmt, lassen sich Dinge viel leichter aus der Welt schaffen. Dazu gehört auch, dass Sie Vertrauen schaffen durch Konsequenz und Klarheit. Jeder Verlust an Glaubwürdigkeit wirkt im Konfliktfall doppelt.

Sie können Mobbing verhindern!

Konfliktsituationen im Arbeitsalltag sind dennoch unausweichlich. Dauern diese jedoch über einen längeren Zeitraum an, in der Regel spricht man von einem halben Jahr und mehr, dann kann ein Konflikt seine „Qualität" verändern und in Mobbing übergehen. Von Mobbing spricht man, wenn über einen längeren Zeitraum eine oder mehrere Personen eine andere angreifen, anfeinden oder sonstige Übergriffe tätigen, um dieser Person das Arbeitsleben schwer zu machen. Mobbing bedingt schlechte Produktionsqualität, unzureichenden Umgang mit Ressourcen, erhebliche Kosten durch Ausfallzeiten, Abwehrverhalten gegen Veränderungen, höhere Personalfluktuation, Verlust fachlicher Qualität und eines guten Betriebsklimas. Dringt Mobbing nach außen, ist der Imageverlust des Unternehmens und seiner Führung groß. Negative Folgen für Personalgewinnung und Marktbehauptung sind vorprogrammiert.

Führungskräfte sind als erste in der Lage, diesen Kreislauf zu durchbrechen.

Durch offene und positive Kommunikation können Sie den Mobbern ihre Plattform entziehen und damit für das Unternehmen und die Betroffenen enormen materiellen und immateriellen Schaden abwenden.

Sie führen Ihre Mitarbeiter zu einem funktionierenden sozialen System zusammen. Dazu gehört auch der Umgang miteinander und die Art und Weise der Kommunikation. Ein Witz ist nur ein Witz, wenn der Gegenüber es lustig findet. Witze auf Kosten von Schwächeren zu machen ist unfair und für die betroffene Person unter Umständen sehr verletzend.

Auf Dauer sollte dieses Verhalten von Ihnen als Führungskraft in Frage gestellt werden. Mobber müssen deutlich in ihre Schranken verwiesen werden. Notfalls sollten Sie mit Abmahnung, Versetzung oder Kündigung reagieren.

Wenn Sie als Führungskraft regelmäßig Einzelgespräche mit den Mitarbeitern führen und ihnen die Möglichkeit der Reflexion, der kritischen Äußerung und der kreativen Ideeneinbringung ermöglichen, wird viel Sprengstoff im Vorfeld entschärft und die Gefahr des Mobbings reduziert.

Hilfe können Betriebsrat, Betriebsarzt oder eine andere Vertrauensperson leisten. Sie helfen auch, festgefahrene Situationen aufzubrechen. Oft muss solche professionelle Unterstützung hinzugezogen werden.

Auf den Punkt gebracht

- Im Schritt 2 der Umsetzung des Führungs- und Leistungsprozesses steht das Feedback im Vordergrund. Durch zeitnahe individuelle Rückmeldungen erfährt der Mitarbeiter Anerkennung und Kritik für seine Leistung und ist somit in der Lage, sein Leistungsverhalten in die vom Unternehmen gewünschte Richtung zu entwickeln.

- Er erfährt auch Grenzen und Prioritäten, die für seinen beruflichen Erfolg in seinem Aufgabenbereich wichtig sind. Damit wird er in die Lage versetzt, sein Verhalten und Wollen an den Anforderungen zu spiegeln und Eigenverantwortung für sein Handeln zu übernehmen.

- Weitere wesentliche Aufgaben im laufenden Führungs- und Leistungsprozess sind Motivation und Konfliktmanagement. Wenn die Bedürfnisse der Mitarbeiter berücksichtigt werden, trägt dies zur Motivation bei und beugt Konflikten vor.

- Zielführend sind Maßnahmen, die der Arbeitszufriedenheit dienen, und eine „motivierende Kommunikation". Führungsinstrument ist das Motivationsgespräch.

- Demotivation und Faktoren, die auf innere Kündigung hindeuten, müssen erkannt werden.

- Fehlzeiten sind zu reduzieren, Instrumente sind das Rückkehrgespräch und das Präventionsgespräch.

- Ein Konflikt lässt sich nur lösen, wenn aus den vielfältigen Ursachen sozialer Konflikte die wahre Ursache bestimmt und der Kreis der Betroffenen eingegrenzt wird. Konflikten kann man vorbeugen, sie lassen sich nicht verhindern. Sie sollten deshalb auch als Chance zur Information genutzt werden.

- Führungskräfte sind als erste in der Lage, den Kreislauf des Mobbings zu durchbrechen.

5 Bilanz ziehen – Mitarbeiter beurteilen und Zielerreichungen feststellen

Mitarbeiter in regelmäßigen Abständen zu beurteilen, gehört mit zu den wichtigsten Führungsaufgaben. Beurteilen heißt, die Leistungen einer Person bei der Durchführung der Gesamtaufgabe einzuschätzen und anhand eines Vergleichsmaßstabes einzustufen.

Die Beurteilung ist Grundlage für die verschiedenen Entscheidungen, die im gesamten Personalwesen zu treffen sind.

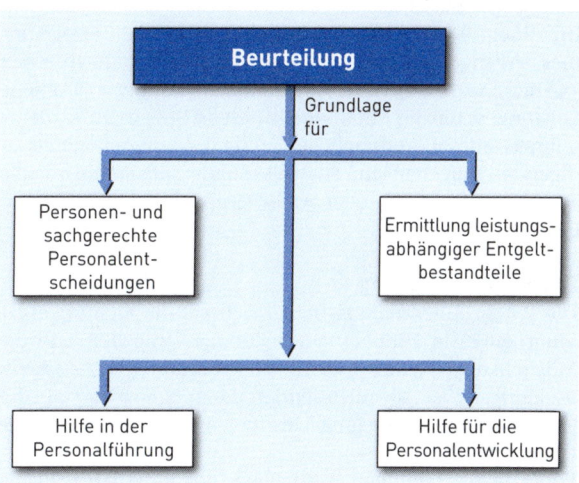

Die Beurteilung als Entscheidungsgrundlage

Die Beurteilung „lebt" von aufsummierten „Einzelurteilen", die in vielen Einzelkontrollen, Gesprächen, Beobachtungen und Leistungsvergleichen gewonnen wurden.

Jede Beurteilung ist gleichzeitig die Dokumentation des Führungsverständnisses und Führungsverhaltens. Sie legt Zeugnis ab über Souveränität und Qualität des Beurteilers.

Dimensionen der Beurteilung

Bei der Beurteilung werden drei Dimensionen unterschieden. Diese sind:
- Leistungsbeurteilung,
- Persönlichkeitsbeurteilung,
- Potenzialbeurteilung.

Leistungsbeurteilung
Im Mittelpunkt steht die Leistungsbeurteilung. Sie erfolgt immer vergangenheitsorientiert und umfasst in der Regel einen Zeitraum von einem oder zwei Jahren. Sie umfasst sämtliche Leistungen, die der Mitarbeiter während des gesamten Beurteilungszeitraums erbracht hat. Außer den planmäßig zu erledigenden Aufgaben sind auch alle Sonderaufgaben sowie die Mitarbeit in Projekt- oder Arbeitsgruppen zu berücksichtigen.

Potenzialbeurteilung
Die Potenzialbeurteilung richtet sich auf die Eignung eines Mitarbeiters in Hinblick auf zukünftige Aufgaben und die Möglichkeiten seiner individuellen beruflichen Weiterentwicklung. Sie ist zukunftsorientiert und prognostiziert auf der Grundlage der erbrachten Leistungen mögliche zukünftige Leistungsentwicklungen.
Potenzialbeurteilungen werden bei der innerbetrieblichen Besetzung vakanter Stellen, zur Nachwuchsplanung der

Fach- und Führungskräfte, zur individuellen Laufbahnplanung sowie zur Bildungsbedarfsermittlung eingesetzt.

Persönlichkeitsbeurteilung

Die Persönlichkeitsbeurteilung stellt die Persönlichkeit des Mitarbeiters in den Vordergrund. Diese Form der Beurteilung findet in der Praxis in verschiedenen Bereichen der Personalauswahl und Teamzusammenstellung Anwendung. Sie wird in Form von Tests, Gesprächen und im Assessment Center durchgeführt. Es handelt sich dabei um das Erkennen bestimmter Verhaltensmuster und Verhaltensmerkmale. Weitergehende tiefenpsychologische Betrachtungen stoßen auf rechtliche Beschränkungen.

In der Regel gehört die Persönlichkeitsbeurteilung nicht zu den direkten Aufgaben der Führungskraft in der Mitarbeiterführung, da dies psychologische weitergehende Kenntnisse erfordert.

Beurteilungspraxis und -zeitpunkte

Für die Mitarbeiterführung sind Leistungsbeurteilung und Potenzialbeurteilung die wichtigsten Instrumente.

Diese können getrennt oder in Kombination angewandt werden.

Durch Kombination beider Beurteilungen kann die Mitarbeiterbeurteilung den zukunftsorientierten Aspekt betonen und damit wesentlich zur Mitarbeitermotivation beitragen.

In Bezug auf die Beurteilungszeitpunkte gibt es zwei Arten von Beurteilungen:
- regelmäßige Beurteilungen und
- anlassbedingte Beurteilungen.

Regelmäßige Beurteilungen werden für alle Mitarbeiter durchgeführt. Sie sind häufig die Grundlage für eine periodische Lohn- und Gehaltsüberprüfung. Diesen Beurteilungen liegt ein systematisches Beurteilungssystem zugrunde. Die

Abstände betragen in der Regel ein oder zwei Jahre. Die entsprechenden Kommunikationsinstrumente sind das Beurteilungsgespräch, Mitarbeitergespräch, Zielerreichungsgespräch, gegebenenfalls das Förder- und Potenzialgespräch (siehe Kapitel 2).

Anlassbedingte Beurteilungen werden fällig z. B. bei

- Ablauf einer Probezeit,
- Versetzungen oder Beförderungen,
- Wechsel des Vorgesetzten,
- Veränderung der Kompetenzen,
- Zwischenzeugnis auf Wunsch des Mitarbeiters,
- Disziplinarmaßnahmen,
- Ausscheiden aus dem Unternehmen sowie bei
- Zeugniserstellung.

Hier besteht nicht die Notwendigkeit, dass ein systematisches Beurteilungssystem im Unternehmen zur Beurteilung der Mitarbeiter bereits eingesetzt wird.

Der Nutzen und die Vorteile eines systematischen Beurteilungsverfahrens

Ein richtig eingesetztes Beurteilungsverfahren bringt für das Unternehmen, den Vorgesetzten und den Mitarbeiter gleichermaßen Vorteile und nützt allen diesen Gruppen.

Der Nutzen für das Unternehmen

Das Unternehmen erhält Informationen über die Personallage im Unternehmen. Es erhält ein umfassendes Bild über Leistungsvermögen und Eignungsgrade der Mitarbeiter. Dies ermöglicht dem Unternehmen, auch in Zeiten von Umstrukturierung und Veränderung eine mitarbeitergerechte Personalplanung und einen optimalen Personaleinsatz zu gewährleisten.

Gleichzeitig erhält das Unternehmen eine Grundlage, um ein leistungsbezogenes und gerechtes Vergütungssystem zu schaffen.

Die Beurteilung kann weiterhin die Grundlage für eine effiziente und mitarbeitergerechte Weiterbildungspolitik sein. Durch die Ermittlung des konkreten Bildungsbedarfs der einzelnen Mitarbeiter und die Zusammenführung der Einzelbedarfe ist es möglich, eine gezielte Planung von Weiterbildungsmaßnahmen und deren Kontrolle zu erreichen. Dies bedeutet in der Regel systematische Seminarplanung statt Ad-hoc-Entscheidungen, aufbauende Konzepte statt isolierter Einzelmaßnahmen, nachvollziehbare und berechenbare Maßnahmenplanung.

Der Nutzen für den Vorgesetzten

Der Vorgesetzte kann aus einem richtig angewandten Beurteilungsverfahren auch großen Nutzen ziehen. Er erhält umfassende Informationen über den Leistungsstand seiner direkten Mitarbeiter, und zwar gleichzeitig und unter gleichen Kriterien. Er kann sich damit intensiv mit dieser Leistung, den Lücken, den Potenzialen und dem Verhalten der Mitarbeiter auseinandersetzen.

Das bedeutet, ein systematisch eingeführtes und ernstgenommenes Beurteilungssystem, welches richtig angewandt wird, führt zu einer Unterstützung der Führungskraft in ihrer Führungsrolle und in deren Selbstverständnis.

Weiterhin erfährt der Vorgesetzte, wo Probleme in der Organisation, an den Schnittstellen oder auch in der Zuarbeit bestehen.

Ein Beurteilungssystem unterstützt die Führungskraft auch in der Ermittlung des Weiterbildungs- und Förderbedarfes des einzelnen Mitarbeiters.

Zusammengefasst kann man sagen, dass die Führungskraft bei richtigem Einsatz der Beurteilungen eine Stärkung ihrer Führungsfunktion erfährt.

Zum einen persönlich, da sie den Rückhalt eines Gesamtsystems als vorgegebenen Rahmen hat, zum anderen, da sie viele Informationen komprimiert erhält, die sie sonst mit viel mehr Aufwand erfragen und einzeln zusammentragen hätte müssen.

Der Nutzen für den Mitarbeiter

Die systematische Beurteilung hat für den Mitarbeiter zahlreiche Vorteile, auch wenn im ersten Moment der eine oder andere Mitarbeiter erst einmal mit Grauen an Schule und Noten denken wird. Deshalb ist es umso wichtiger, das Beurteilungssystem systematisch und transparent zu installieren, um den Vorurteilen vieler Mitarbeiter nicht schon im Vorfeld Recht zu geben.

Der Mitarbeiter erhält in der Beurteilung ein Feedback über seine in der Beurteilungsperiode erbrachte Leistung. Der Mitarbeiter kann sich dadurch besser selbst einschätzen. Dies funktioniert aber nur, wenn er in der Lage ist, der Argumentation und Begründung der Beurteilung seines Vorgesetzten zu folgen.

Es ist für den Mitarbeiter also von Nutzen, wenn der Vorgesetzte ein regelmäßiges Feedback gibt. Damit ist für ihn auch die Beurteilung kein unberechenbares Risiko, sondern eine Bestätigung seiner Selbsteinschätzung und das Ergebnis vieler Rückmeldungen.

Er erfährt Förderung durch gezielte Weiterbildung. Das bedeutet Interesse an seiner Person, Wertschätzung und Einbindung seiner Person in einen zukunftsorientierten Prozess. Damit wird auch sein Selbstwertgefühl und sein Selbstbewusstsein gefördert. Er erlebt den Vorgesetzten als Helfenden zur Erreichung seiner Ziele im Rahmen der unternehmerischen Ziele. Dies trägt zum Dialog, zum besseren Verständnis und zu mehr Vertrauen und Akzeptanz zwischen Vorgesetztem und Mitarbeiter bei.

Wer beurteilt wen?

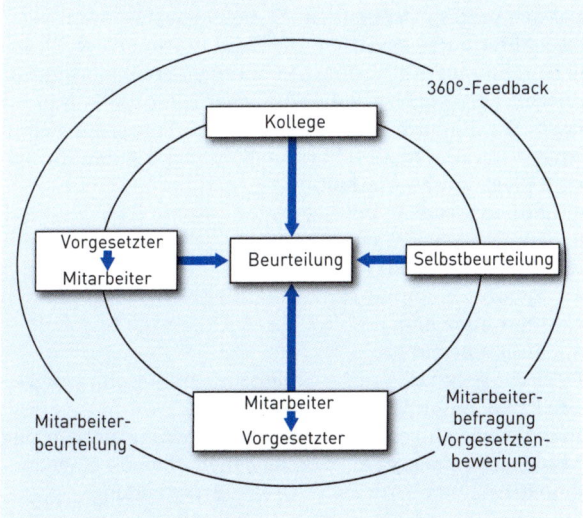

Auf allen Ebenen wird beurteilt

Mitarbeiterbeurteilung

Unter Mitarbeiterbeurteilung versteht man die Beurteilung der Mitarbeiter durch ihren unmittelbaren, direkten Vorgesetzten.

Dem direkten Vorgesetzten sind sowohl die Anforderungen des jeweiligen Arbeitsplatzes und die zu setzenden Prioritäten bekannt. Er hat die Übersicht über die qualitative und quantitative Leistungserbringung der Mitarbeiter. Er soll dem Mitarbeiter durch seine Beurteilung offenlegen, wie er die Leistung einschätzt und welche Entwicklungs- und Fördermaßnahmen in diesem Zusammenhang sinnvoll und wichtig sind.

Vorgesetztenbeurteilung/Mitarbeiterbefragung

Bei der Vorgesetztenbeurteilung beurteilen die Mitarbeiter ihren direkten Vorgesetzten. Dies wird in Form einer schriftlichen Umfrage durchgeführt. In einem unternehmensindividuellen Fragebogen können die Mitarbeiter die Führungskraft in Hinblick auf verschiedene Führungskriterien einstufen. In der Regel geht es um Führungskriterien wie

- Delegationsbereitschaft,
- Kommunikation, Information,
- Förderung der Mitarbeiter,
- Konfliktverhalten,
- Entscheidungs- und Problemlösungsverhalten,
- Motivation und
- Zusammenarbeit.

Dem Vorgesetzten wird die Gesamtauswertung ohne Angabe von Personen zur Verfügung gestellt.

In der Praxis wird eine Vorgesetztenbeurteilung meist in eine Mitarbeiterbefragung zu verschiedenen Themen eingebunden. In isolierter Form findet sie wenig Anwendung.

Selbstbeurteilung

Schätzt ein Mitarbeiter sich selbst ein, spricht man von Selbstbeurteilung des Mitarbeiters. Die Selbstbeurteilung entspricht der subjektiven Wahrnehmung des Mitarbeiters. Die Selbstbeurteilung findet in der Praxis sowohl bei der Erstellung von Zeugnissen als auch im klassischen Beurteilungsverfahren Anwendung. Wir wenden uns aus Prioritätsgründen dem zweiten Fall zu.

Der Mitarbeiter wird im Beurteilungsgespräch aufgefordert, seine eigene Leistung in Bezug auf die verschiedenen Kriterien einzuschätzen. So erfährt der Vorgesetzte die Selbsteinschätzung des Mitarbeiters und kann darauf aufbauend seine eigene Einschätzung und die entstandenen Übereinstimmungen und Diskrepanzen mit dem Mitarbeiter besprechen.

Formen der Beurteilung

Freie Beurteilung

Bei der freien Beurteilung sind die Auswahl der Beurteilungskriterien und die Festlegung der Ausprägung dem Beurteiler überlassen. Sie erfolgt durch eine verbale Beschreibung und ohne Festlegung und Definition der Beurteilungsmerkmale sowie ohne Vorgabe der Bewertungs- und Gewichtungsstufen.

Eine Form der freien Beurteilung ist die verbale Beurteilung, wo zwischen Vorgesetzten und Beurteiler lediglich ein Beurteilungsgespräch stattfindet, dem keine schriftliche Beurteilung vorausging. Hier ist es sehr wichtig, das Gespräch entsprechend vorzubereiten und zu strukturieren, um einen Nutzen aus dieser Form der Beurteilung zu ziehen.

Die andere Form der freien Beurteilung beinhaltet das schriftliche Formulieren der Beurteilung, allerdings in einer völlig freien Form. Der Vorteil liegt in der großen Differenzierungsbreite. Vom Beurteiler erfordert sie aber einen erheblichen Formalisierungsaufwand und sie ist in ihrer Aussagekraft weitgehend von den Wertemaßstäben und der sprachlichen Ausdrucksfähigkeit des Vorgesetzten abhängig. Die Ergebnisse unterschiedlicher Vorgesetzter sind nur begrenzt miteinander vergleichbar und schwierig auszuwerten.

> Eine freie Beurteilung findet in der Praxis Anwendung bei kleinen Gruppen und bei der Bewertung von Führungskräften.

Halbstandardisierte Beurteilung

Bei dieser Form der Beurteilung werden zwar die einzelnen Merkmale der Beurteilung vorgegeben, jedoch meistens ohne Merkmalsausprägungen und ohne Definition der Beurteilungsstufen. Die Beurteilungsmerkmale dienen daher eher als Anhaltspunkte für die Beschreibung der Leistung. Dieses

Verfahren setzt voraus, dass die Führungskräfte ein gleiches Verständnis der einzelnen Merkmale und einen souveränen Umgang mit dem Beurteilungssystem und in der Führung von Beurteilungsgesprächen haben.

Standardisierte/gebundene Beurteilung

Bei der standardisierten Beurteilung werden zum einen die einzelnen Merkmale vorgegeben, nach denen die Leistungen und das Leistungsverhalten des Mitarbeiters beurteilt werden und andererseits die einzelnen Beurteilungsstufen genau definiert, die die Ausprägungen der einzelnen Kriterien kennzeichnen.

Diese Form der Beurteilung hat verschiedene Vorteile. Sie ist wesentlich einfacher zu handhaben als die freie Beurteilung. Die vorgegebenen Merkmale und Stufen lenken den Vorgesetzten. Sie helfen, die Subjektivität der Beurteilung ein-

---

Fünf Thesen zum konsequenten Führungsverhalten bei Beurteilungen

- Die Beurteilung ist das Ergebnis vieler Feedbacks, die Sie als Führungskraft im Laufe des Beurteilungszeitraums (Führungsperiode) dem Mitarbeiter gegeben haben.

- Die Beurteilung ist das Ende und gleichzeitig der Anfang des laufenden Leistungsfeedbackprozesses (Führungsperiode).

- Eine Beurteilung ist damit die logische Konsequenz vieler Rückmeldungen der Führungskraft.

- Eine Beurteilung kann/darf für den Mitarbeiter nicht überraschend sein, sie muss nachvollziehbar sein.

- Eine Beurteilung legt das Führungsverhalten der Führungskraft offen. Sie zeigt, ob die zur Verfügung stehenden Führungsinstrumente im Beurteilungszeitraum konsequent angewendet wurden.

zuschränken. Sie lenken alle Vorgesetzten in die gleiche Richtung. Die Anzahl der Beurteilungskriterien ist für alle Vorgesetzten gleich. Durch die klare Definition der Beurteilungsmerkmale, die Einheitlichkeit und Vergleichbarkeit schafft sie eine gute Voraussetzung, die Ergebnisse für personalpolitische Entscheidungen zugrunde zu legen. Die Auswertung der standardisierten Beurteilung ist nicht nur einfacher und zeitsparender, sondern auch aussagekräftiger.

> Deshalb findet dieses Verfahren vor allem in größeren Unternehmen Anwendung.

Zielorientierte Mitarbeiterbeurteilung – Zielerreichungskontrolle

Bei der zielorientierten Mitarbeiterbeurteilung stehen die gesetzten Ziele und deren Erreichung im Mittelpunkt. Die Ziele wurden im Rahmen der Zielvereinbarung (siehe dazu Kapitel 3 zu Orientierung geben/Ziele setzen) mit dem Mitarbeiter individuell vereinbart. Sie wurden aus den Unternehmenszielen abgeleitet und sind im Rahmen des Zielvereinbarungsgespräches gemeinsam besprochen.
Als Synonym für das zielorientierte Beurteilungsgespräch wird der Ausdruck Zielerreichungsgespräch in der Praxis verwendet. Es erfolgt turnusmäßig und soll zusammenfassend eine Bewertung über Grad und Maß der Zielerreichung leisten.

Leistungsstandards festlegen

Zur Überprüfung der Zielerreichung müssen Leistungsstandards festgeschrieben werden, die eine Einschätzung über die Zielerreichung des Mitarbeiters erlauben. Ebenso wie in der Mitarbeiterbeurteilung Kriterien zur Beurteilung festgelegt werden, so müssen für die Überprüfung der Zielerreichung Kriterien (Leistungsstandards) festgelegt werden. Diese werden gemeinsam mit dem Mitarbeiter in der Zielvereinbarung festgelegt:

Die Bewertung der Zielerreichung wird dem Mitarbeiter in einem Zielerreichungsgespräch vermittelt.

Zwischen Zielvereinbarung und Zielerreichung

Diese Phase ist adäquat dem normalen Führungsprozess zu gestalten. Entsprechend „lässt" die Führungskraft zwar „los", jedoch ist sie nicht der Aufgabe der Rückmeldungen, des Feedbacks und der Zwischenkontrolle (siehe auch Abschnitt „Loslassen") entbunden.
Die Ziele dürfen im Tagesgeschäft nicht in Vergessenheit geraten, Abweichungen und aktuelle Besonderheiten müssen unverzüglich kommuniziert werden.

Kurze Feedbackgespräche über den aktuellen Stand der Dinge sollten regelmäßig stattfinden.

Ferner kann und sollte die Führungskraft auch zufällige Kontakte mit dem Mitarbeiter zum Austausch über den Stand der Zielerreichung nutzen.

Vorteile der zielorientierten Mitarbeiterbeurteilung

- Die Beurteilungen sind nur aufgabenbezogen.
- Durch eindeutige Ziele und Leistungsstandards gibt es eindeutige Bezugsgrößen.
- Die Leistung des Mitarbeiters kann objektiv eingestuft werden.
- Der Mitarbeiter kennt die Anforderungen.
- Es gibt eindeutige Leistungsmaßstäbe.
- Durch den konkreten und rein inhaltlichen Bezug zum Arbeitsplatz liefert die zielorientierte Mitarbeiterbeurteilung zuverlässige, arbeitsplatzbezogene Informationen.
- Stärken und Schwächen des Mitarbeiters sind erkennbar.
- Die Kommunikation zwischen Vorgesetztem und Mitar-

beiter wird durch die regelmäßig stattfindenden Gespräche intensiviert.

Global arbeitende Unternehmen setzen zielorientierte Mitarbeiterbeurteilungen über alle Hierarchieebenen ein.

Führungsinstrument: Beurteilungsgespräch

Das Beurteilungsgespräch ist wesentliche Voraussetzung für die Akzeptanz des Beurteilungsverfahrens durch die Beurteilten. Das Beurteilungsgespräch ist kein Spontangespräch, d. h., beide Parteien können sich vorbereiten. Es findet grundsätzlich unter vier Augen statt. Das Beurteilungsgespräch hat einen formalen Charakter, da es eine Festschreibung sowohl der Leistung des Mitarbeiters ist und in der Personalakte archiviert wird als auch die Festschreibung der Qualität des Führungsverhaltens und der Ausübung der Führungsfunktion. Das Beurteilungsgespräch ist ein stark hierarchisch geprägtes Mitarbeitergespräch. Ist ein Beurteilungssystem im Unternehmen eingeführt, so ist das Beurteilungsgespräch Pflichtbestandteil des Verfahrens.

Im Gespräch steht die Leistung im Vordergrund und das mit dieser Leistung beobachtete Verhalten. Das Beurteilungsgespräch ist in der Regel ein Mitteilungsgespräch. Das bedeutet, die gefundene Beurteilung wird nicht im Sinne der Neufindung oder gemeinsamen Findung diskutiert, sondern die vom Vorgesetzten erstellte Beurteilung sowie die Begründungen, die zu dieser Beurteilung geführt haben, werden erläutert und diskutiert. Die Perspektive ergibt sich aus Beurteilung. Meinungsverschiedenheiten in diesem Gespräch können bestehen bleiben. Im Gespräch muss der Mitarbeiter unterschreiben, dass er die Beurteilung zur Kenntnis nimmt. Dies bedeutet nicht automatisch, dass er mit dem Ergebnis der Beurteilung einverstanden sein muss.

Rechtliche Aspekte

Grundsätzlich ist der Arbeitgeber frei hinsichtlich der Einführung eines Beurteilungssystems. In vielen Firmen sind diese bereits tarifrechtlich vereinbart. Ein systematisches Beurteilungssystem wird vor allem in größeren Betrieben anzutreffen sein, die einen Betriebsrat (oder Personalrat) haben. Deren Mitwirkungsrecht wird kurz am Beispiel des Betriebsrats erläutert.

Der Betriebsrat hat gemäß § 94 Abs. BetrVG ein Mitbestimmungsrecht bezüglich der Aufstellung allgemeiner Beurteilungsgrundsätze. Der Betriebsrat kann die Einführung allgemeiner Beurteilungsgrundsätze aber nicht vom Arbeitgeber verlangen. Er kann diese auch verhindern, wenn keine inhaltliche Einigung erzielt wird. Daher empfiehlt sich eine frühzeitige Einbeziehung des Betriebsrates bei der Einführung eines Beurteilungssystems.

> In der Regel werden Arbeitgeber und Betriebsrat die Einführung eines Beurteilungssystems über eine Betriebsvereinbarung regeln.

In dieser sind die allgemeinen Beurteilungsgrundsätze und die Vorgehensweise festgelegt.

Der Mitarbeiter hat nach § 82 Absatz 2 BetrVG ein Recht darauf, dass ihm die Berechnung und Zusammensetzung seines Arbeitsentgelts erläutert und dass mit ihm die Beurteilungen seiner Leistungen sowie die Möglichkeiten seiner beruflichen Entwicklung im Betrieb erörtert werden. Hierzu kann der Mitarbeiter ein Mitglied des Betriebsrates hinzuziehen. Dies gilt auch für den Fall, dass das Unternehmen kein formales Beurteilungsverfahren hat. Der Mitarbeiter hat jederzeit das Recht, in seine Personalakte Einsicht zu nehmen (§ 83 Abs.1 BetrVG).

Der Mitarbeiter hat nach §§ 84 – 86 BetrVG ein Beschwerderecht. So kann er im Beanstandungsverfahren gegen seine Beurteilung Beschwerde einlegen. Das Vorgehen wird unternehmensspezifisch in der Betriebsvereinbarung festgelegt.

Potenzialbeurteilung

Die Potenzialbeurteilung ist als Ergänzung der Leistungsbeurteilung zu sehen. Sie muss die Fähigkeiten und Kapazitäten eines Mitarbeiters erfassen; diese Bestimmung des Leistungs- und Fähigkeitspotenzials ist nur über eine sachgerechte Personalbeurteilung zu erreichen.

Die Durchführung einer Potenzialbeurteilung von Mitarbeitern ist abhängig von

- dem Wissen, über das die Mitarbeiter verfügen und welches sie für die Erfüllung neuer Aufgaben nutzen können,
- den Fähigkeiten, die sie zur Erfüllung neuer Aufgaben einsetzen können und
- der Übereinstimmung des eigenen Interessenfeldes mit den neuen Aufgabengebieten.

Werden Leistungs- und Potenzialbeurteilung in einem Beurteilungskonzept aus Vereinfachungsgründen zusammengeführt, so sollten sich die Beurteiler bewusst machen: Die sehr gute Leistung eines Mitarbeiters muss nicht dazu führen, dass der Beurteilte auch ein hohes Potenzial hat. Umgekehrt kann ein hohes Potenzial vorhanden sein, ohne dass die Leistung sehr hoch ist. Dies könnte ein Hinweis auf eine Fehlbesetzung sein.

Potenzialanalyse

Nach wie vor sind viele Führungskräfte der Meinung, dass sie die Potenziale ihrer Mitarbeiter selber am besten beurteilen können, da sie diese schließlich „kennen" und jeden Tag mit ihnen zusammenarbeiten. Die Folge davon ist aber nicht immer zufriedenstellend, weil z. B. Querdenker eher als Störenfriede und weniger als Potenzialträger gesehen werden. Auch achtet die Führungskraft in der Regel auf die Potenziale der Mitarbeiter, die sich im eigenen Bereich verwenden lassen (wenn überhaupt) und weniger im Sinne von zukunftsorientierter Personalentwicklung für das Unternehmen als Ganzes. Zudem nagt der Zweifel an manchem Vorgesetzten, wenn er seinem Mitarbeiter Potenzial für eine Führungsposition bescheinigt; denn, wer weiß, ob er als Vorgesetzter nicht am eigenen Ast sägt? Und wer tut das schon gerne?

Insofern ist es notwendig, dass
- die Potenzialbeurteilung mit Neutralität und Sachlichkeit durchgeführt wird, z. B. unter Mitwirkung externer Berater und Moderatoren,
- bereichsübergreifend die Interessen des Unternehmens in den Vordergrund gestellt werden,
- die Beteiligten dem Verfahren offen gegenüberstehen und es als Chance betrachten und nicht als Personalkarussell und
- ein einheitliches Verfahren gewählt wird.

Egal welches Verfahren man zur Potenzialbeurteilung, Einschätzung und Erfassung einsetzt, man muss sich im Klaren darüber sein, dass jedes menschliche Verhalten immer einen unberechenbaren Aspekt beinhaltet und damit die Erkenntnisse einer Potenzialbeurteilung nur eine Prognose sein können. Die Sicherheit, mit der das vorhergesagte Verhalten eintritt, nimmt zu, je mehr Informationen man erschließt und je öfter bestimmte Merkmale in der Vergangenheit beobachtet wurden.

Für das Unternehmen stellt eine zukunftsorientierte Potenzialanalyse eine echte Herausforderung dar. Das Unternehmen muss verschiedene Fragestellungen in diesem Zusammenhang klären:
- Welche Mitarbeiter sind in einem besonderen Maße geeignet, bestimmte Schlüsselfunktionen im Unternehmen in Zukunft zu übernehmen?
- Welche Mitarbeiter werden mit welchen Qualifikationen in Zukunft wo benötigt?

- Wo sind die Leistungsträger, die sich eignen, Positionen mit Verantwortung und Führung zu übernehmen?
- Wie können die Mitarbeiter im Zuge von Umstrukturierungen adäquat neu eingesetzt werden unter Berücksichtigung ihrer Fähigkeiten?
- Gibt es Tätigkeitsbereiche, die sich ausgliedern lassen und wo die Mitarbeiter sich viel besser entfalten können?

Prüfung der Realisierungschance des Potenzials

Bei der Einschätzung des Potenzials sollte darauf geachtet werden, dass die Realisierung des Potenzials auch eine realistische Chance hat. So ist der bisherige Lebensweg des Mitarbeiters, die verbleibende Spanne seines Berufslebens, seine Einschätzung und Akzeptanz auch über den eigenen Bereich hinaus sowie die Verfügbarkeit entsprechender Positionen zu berücksichtigen. Die kritische Überprüfung der Potenzialeinschätzungen soll Glaubwürdigkeit und Vergleichbarkeit der Potenzialeinschätzungen verbessern.

Information des Mitarbeiters

Sie sollten den Mitarbeiter über die Potenzialeinschätzung informieren, entweder durch ein entsprechendes Rückmeldegespräch oder im nächsten Mitarbeiter(-jahres)-/-orientierungsgespräch.

Die Transparenz gegenüber dem Mitarbeiter ermöglicht es,

- gemeinsam mit dem Mitarbeiter sein berufliches Weiterkommen aktiv zu gestalten,
- ihm zu signalisieren, dass seine Fähigkeiten dem Unternehmen nutzen und erkannt worden sind,
- den Mitarbeiter entscheiden zu lassen, welche Prioritäten er in Zukunft setzen möchte und Förderungs- und Qualifizierungsmaßnahmen gemeinsam zu erörtern und zu vereinbaren.

Auf den Punkt gebracht

- Die Beurteilung der Mitarbeiter sowohl in Hinblick auf die erbrachten Leistungen in der Beurteilungsperiode als auch in Hinblick auf die zu erbringenden Leistungen in Zukunft ist elementare Führungsaufgabe.

- Die Bewertung von Mitarbeitern ist Herausforderung für Sie als Führungskraft in vielerlei Hinsicht. Ihre kommunikative Kompetenz ist hier ebenso gefragt wie Ihre Persönlichkeits-, Fach- und Methodenkompetenz.

- Systematische Beurteilungsverfahren haben gleichermaßen für das Unternehmen, die Führungskraft und den Mitarbeiter Vorteile.

- In erster Linie bzw. in den meisten Betrieben erfolgt eine Mitarbeiterbeurteilung, d. h. die Beurteilung des Mitarbeiters durch den direkten Vorgesetzten. Vielfach üblich ist aber auch die Vorgesetztenbeurteilung innerhalb einer Mitarbeiterbefragung. Die Selbstbeurteilung hat eher ergänzende Funktionen.

- Beurteilungen können frei, halbstandardisiert oder standardisiert durchgeführt werden.

- Die zielorientierte Mitarbeiterbeurteilung setzt Leistungsstandards voraus. Das Führungsinstrument ist das Beurteilungsgespräch. Dabei sind, je nach Betrieb, rechtliche Aspekte des Betriebsverfassungs- bzw. Personalvertretungsrechts zu beachten.

- Die Potenzialanalyse dient der Ergänzung der Leistungsbeurteilung im Rahmen der Personalentwicklung. Leistung und Potenzial sind zwangsläufig parallel ausgeprägt. Vorgesetzte können in Konflikt mit eigenen Interessen geraten, wenn sie die Potenziale ihrer Mitarbeiter erfassen sollen.

6 Entwicklung und Förderung der Mitarbeiter

Schritt 4 der Umsetzung

Neben der Entwicklung und Förderung aller Mitarbeiter eines Unternehmens stellt die Personalauswahl als Zwischenschritt zwischen Beurteilung und Entwicklung und Förderung von Mitarbeitern eine weitere wichtige Führungsaufgabe dar.

Personalauswahl und Beurteilung von Mitarbeitern für eine neue Stelle

Die Suche nach den geeigneten Personen, um adäquat die entsprechenden Stellen zu besetzen, sollte nach Möglichkeit im Unternehmen beginnen (interne Besetzung von Stellen, interne Stellenausschreibungen) und erst wenn keine geeigneten Personen im Unternehmen ausgemacht wurden, sollten externe Bewerber mit in die Auswahl einbezogen werden (externe Besetzung von Stellen, externe Stellenausschreibungen).

> Insbesondere die Besetzung von Führungspositionen wird von Unternehmen bevorzugt intern gelöst.

Dies setzt aber voraus, dass sich Mitarbeiter im eigenen Betrieb entsprechend qualifizieren und entwickeln können. In kleinen Betrieben muss der Chef Mitarbeiter an verantwortliche Aufgaben heranlassen. Für große Unternehmen bedeutet es, dass sie intensive Weiter- und Ausbildung in den einzelnen Hierarchiestufen betreiben, um frei werdende Positionen qualitativ hochwertig aus den eigenen Reihen besetzen zu können.

Pro und Kontra interner Stellenbesetzung

Argumente für die interne Besetzung von Stellen

- positive Auswirkung auf das Betriebsklima insgesamt
- motivierender Effekt für alle Nachwuchskräfte, dass man „weiterkommt"
- Erfahrung und das Insiderwissen der Mitarbeiter aufgrund der Betriebszugehörigkeit und der internen Aus- und Weiterbildung
- geringere Beschaffungskosten
- kürzere Einarbeitungszeiten und -kosten
- Reduktion der Gefahr der Differenz zwischen den Vorstellungen des Mitarbeiters und den Anforderungen des Unternehmens („Das habe ich mir ganz anders vorgestellt")
- Reduktion der Gefahr der Fehlbesetzung insgesamt
- weniger Konflikte und Missverständnisse z. B. über Anforderungen oder Vorstellungen

Argumente gegen die interne Besetzung von Stellen

- erhöhte Gefahr der Rivalität unter den Bewerbern
- die Sicherheit, automatisch weiterbefördert zu werden und die damit verbundene Trägheit
- zu wenig Auswahl
- kein frisches Blut und keine neuen Impulse
- eingeschränkte Erfahrungen durch andere Arbeits- und Führungsmöglichkeiten (z. B. aus anderen Unternehmen)

Ein Unternehmen kann auf Dauer seinen Personalbestand nicht nur aus eigenen Mitarbeitern sichern. Dies würde zu Betriebsblindheit und Isolierung des Unternehmens führen.

Der Personalbedarf kann auf Dauer nur über interne und externe Personalbeschaffung gedeckt werden.

Allerdings liegt das Risiko bei der externen Personalbeschaffung höher, da die Leistung des Bewerbers nicht im Voraus im Detail erkennbar und einschätzbar ist. Um dieser Gefahr Rechnung zu tragen, werden in der Praxis mehrstufige Auswahlverfahren eingesetzt.

Diese werden aber vermehrt auch für interne Auswahlprozesse und für Auswahlprozesse mit internen und externen Bewerbern eingesetzt.

Auch öffentliche Ausschreibungen richten sich an interne und externe Bewerber, um das externe Bewerberangebot mit betriebseigenem Potenzial zu vergleichen. Wird ein interner Bewerber ausgewählt und in die neue Stelle „berufen", so ist dessen Position besonders stark und gefestigt.

Systematische Auswahl neuer Mitarbeiter

Unter Personalauswahl versteht man im Allgemeinen ein institutionalisiertes Verfahren zur Auswahl der für die Anforderungen der neuen Stelle qualitativ am besten geeigneten Mitarbeiter.

> Die verschiedenen Verfahren, die in der Praxis genutzt werden, haben alle die gleichen Zielsetzungen.

Sie leisten einen Beitrag, die Bewerber in ihrer Gesamtheit als Persönlichkeit für das Unternehmen transparenter und greifbarer zu machen und damit die Gefahr einer Fehlbesetzung und hoher personaler Fehlinvestionen zu vermeiden. Sie können einzeln oder in verschiedenen Kombinationen angewandt werden.

Das heißt, es geht im wesentlichen bei der Personalauswahl darum, einen zur Corporate Identity des Unternehmens passenden Mitarbeiter zu finden. Dies stellt kein Werturteil dar, aber erklärt, warum interne Stellenausschreibungen weniger risikoreich sind und noch andere Vorteile haben. Diese Mitarbeiter haben sich bereits in der Vergangenheit als „passend" zum Unternehmen erwiesen.

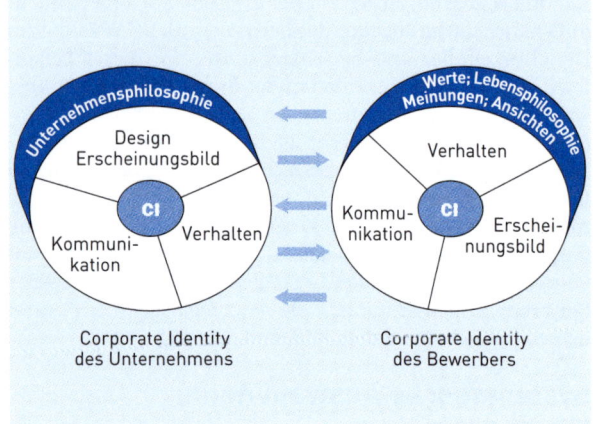

Corporate Identity des Unternehmens und des Bewerbers

Grundanforderung: deckungsgleiche CI

Entsprechend der Corporate Identity des Unternehmens und damit auch der festgeschriebenen Werte der Unternehmenskultur des Unternehmens ergibt sich der Rahmen, in welchen die Bewerber passen müssen. Die Bewerber sollten sich in den gelebten Werten wiederfinden können. Dies ist die Grundlage dafür, dass sich der Bewerber später im Unternehmen wohlfühlt.

Der Bewerber verfügt seinerseits über eine „Corporate Identity", die sich im äußeren Erscheinungsbild, seiner Darstellung, seiner Kommunikation und in seinem Verhalten widerspiegelt. Er hat eine „Lebensphilosophie" bzw. Werte, die er wichtig findet oder ablehnt – Meinungen, Einstellungen, Erfahrungen, die seine gesamte Persönlichkeit abrunden.

Im Auswahlverfahren geht es darum, zur bestehenden Corporate Identity des Unternehmens und zu der Stellenanforderung den passenden Bewerber zu finden. Deswegen werden in den verschiedenen Auswahlverfahren Teilbereiche der

Corporate Identity des Bewerbers in Hinblick auf die Stellenanforderung erfasst, vergleichend betrachtet und der Bestgeeignete ausgewählt. Nur so wird ein Arbeitsverhältnis auf Dauer zufriedenstellend für beide Seiten verlaufen.

Mit dieser Betrachtung ist ein sehr wichtiger Kern des Personalauswahlverfahrens umrissen: Natürlich müssen die Stellenanforderungen passen, aber das ist heute in der Regel bei mehreren Bewerbern der Fall und (fast) selbstverständlich. Das Unternehmen trifft seine Entscheidung zwischen den fachlich gleichwertigen Spitzenkandidaten dann über die im CI begründeten Kriterien. Und das stellt eine nicht einfache Herausforderung für die Entscheider dar, die um aussagefähige, zuverlässige Kriterien und Verfahren bemüht sind. Seitenverkehrt sind die Bewerber gefordert, die Firma für sich einzuschätzen und sich selbst im positiven Fall Erfolg versprechend darzustellen.

Die Schritte der systematischen Personalauswahl

Schritt 1: Anforderungen an den Bewerber definieren
⇩
Schritt 2: Grobselektion durchführen
⇩
Schritt 3: Die Personalauswahl aufgrund des Verhaltens / Einsatz von Personalauswahlverfahren
⇩
Schritt 4: Auswahlgespräche vorbereiten
⇩
Schritt 5: Auswahlgespräche durchführen (Informationen sammeln)

⇩
Schritt 6: Auswahlgespräche nachbereiten und Auswahlentscheidung treffen (gesammelte Informationen auswerten)

Schritt 1: Anforderungen an den Bewerber definieren

Eine Stellenbeschreibung bildet die Grundlage für das gesamte Einstellungsverfahren. Aus ihr ergibt sich dann ein entsprechendes Anforderungsprofil sowie eine Tätigkeitsbeschreibung, die wiederum Grundlage für die Formulierung von Ausschreibung und Stellenanzeige sein sollte. Als Pendant wird im Auswahlverfahren ein Eignungsprofil der Bewerber erarbeitet und diese bilden gemeinsam die Grundlage für die Entscheidung zugunsten eines Bewerbers.

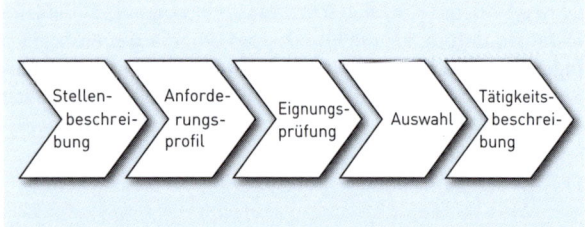

Von der Stellenbeschreibung bis zur Einstellung

Schritt 2: Grobselektion durchführen – Vorauswahl der Bewerber

Je besser die Grobselektion ist, umso effizienter werden die nachfolgenden Auswahlverfahren verlaufen.

Zur Grobselektion stehen zur Verfügung:

- die Bewerbungsunterlagen und
- der telefonische Erstkontakt.

Anhand von Bewertungsbögen für den telefonischen Erstkontakt bzw. die Bewerbungsunterlagen kann eine Grobselektion durchgeführt werden. Es muss aber jedes Mal überprüft werden, ob bestimmte K.-o.-Kriterien vorliegen bzw. Muss-Kriterien fehlen. Bewertungsbögen zu erstellen – zumindest grob – empfiehlt sich auch im kleinen Betrieb, wenn dort große Bewerberanzahlen zu verzeichnen sind.

Schritt 3: Die Personalauswahl aufgrund des Verhaltens – Feinselektion

Hinsichtlich der fachlichen Qualifikation lässt sich noch ziemlich einfach eine Bewerberauswahl vornehmen. Schwierig werden Aussagen über Verhalten und Persönlichkeit des Kandidaten. Dies liegt zum einen an der relativen Zeitknappheit im Auswahlprozess und zum anderen an der Komplexität der späteren Aufgaben, die sich nur schwer im Auswahlprozess abbilden lassen, um damit eine halbwegs sichere Aussage über das wahrscheinliche Verhalten des Bewerbers auf der späteren Position machen zu können. So werden diverse Testverfahren angewandt und persönliche Gespräche geführt, um Eindrücke über das Verhalten und die Persönlichkeit des Kandidaten in dem knappen Zeitumfang, der in der Regel zur Besetzung einer Stelle zur Verfügung steht, zu erhalten.

Schritt 4: Auswahlgespräche vorbereiten

- Laden Sie den Bewerber schriftlich ein – spätestens 14 Tage vor dem Termin (Information zur Anfahrt und ggf. zur Reisekostenerstattung nicht vergessen) und erbitten Sie eine telefonische Terminbestätigung.
- Reservieren Sie einen geeigneten Raum und sorgen Sie für eine angenehme und ungestörte Gesprächsatmosphäre. Stellen Sie Getränke bereit und wählen Sie die Sitzordnung so, dass Sie die Körpersprache des Bewerbers beobachten können.
- Führen Sie das Gespräch möglichst zu zweit. Die Auswahlentscheidung wird so sicherer und leichter (z. B. Personalverantwortlicher und späterer Vorgesetzter). Möglich ist auch eine Aufgabentrennung (einer führt das Gespräch, einer beobachtet und protokolliert). In „Stressinterviews" für Positionen, in denen es auf Kommunikationsstärke ankommt, finden sich häufig verteilte Rollen als „weicher" und „harter" Gesprächspartner.
- Planen Sie für das Gespräch genügend Zeit ein (auch für Vorbereitung, Nachbereitung und Besprechung mit Ihrem Kollegen/Ihrer Kollegin).

- Führen Sie die Vorstellungsgespräche innerhalb eines kurzen Zeitraums (ca. 1 Woche), um die Bewerber besser vergleichen und objektiv beurteilen zu können.
- Legen Sie die Unterlagen für das Gespräch bereit:
  - Bewerbungsunterlagen
  - Stellenbeschreibung/Anzeige
  - Anforderungsprofil
  - Checklisten
  - Unternehmensdarstellung
  - Formulare zur Reisekostenabrechnung
- Stellen Sie die Informationen zusammen, die für den Bewerber relevant sind.
- Erstellen Sie einen Interviewleitfaden, damit Sie alle wesentlichen Themenbereiche ansprechen. Der Leitfaden ist Grundlage eines strukturierten Auswahlgesprächs.

Schritt 5: Auswahlgespräche führen

Ziel des Auswahlgespräches ist es, herauszufinden, ob der Bewerber die von Ihnen in der Anforderungsanalyse erhobenen Merkmale erfüllt. In einem „normalen" Gespräch können Sie einige der Anforderungsmerkmale herausfinden. Mehr Informationsgewinn und eine gute Qualität des Interviews erhalten Sie durch ein strukturiertes Interview.

Alle Bewerber werden mit den gleichen Fragen konfrontiert. Dadurch wird die Vergleichbarkeit der Bewerber erhöht und die Gefahr der Ungleichbehandlung verringert. Die Gesprächsauswertung wird systematisiert und vereinfacht.

Um das „Passen" des Bewerbers zum Unternehmen und der zu besetzenden Position noch besser herauszufinden, können Elemente des „situativen Interviews" in das Gespräch eingebracht werden. Dabei gilt es, eine möglichst große Ähnlichkeit zwischen der Beurteilungssituation (d. h. dem Auswahlgespräch) und der späteren Bewährungssituation (den beruflichen Aufgaben) herbeizuführen.

Praxis des Personalauswahlgesprächs

Gesprächstipps

- Vermeiden Sie es, im Auswahlgespräch zunächst die Firma und die zu besetzende Position darzustellen und erst danach den Bewerber von sich selbst erzählen zu lassen. Der Bewerber kann sonst seine eigenen Informationen an das, was er von Ihnen über das Unternehmen gehört hat, anpassen und sich nach Anforderungslage präsentieren.
- Beginnen Sie das Gespräch mit einer Kontaktphase, in der Sie und Ihre Kollegen sich kurz vorstellen. Direkt im Anschluss sollte der Kandidat sich vorstellen und seinen Werdegang ausführlich darstellen. Erst wenn Sie alle wesentlichen Informationen über den Bewerber erhalten haben, stellen Sie die Firma und die Position vor.
- Stellen Sie Fragen und bitten Sie um Erläuterungen.
- Wiederholen Sie mit Ihren eigenen Worten die Aussagen des Bewerbers. Die Methode der „Spiegelung" wird eingesetzt, um einen Eindruck zu bestätigen oder den Gesprächspartner unaufgefordert zu veranlassen, das Thema weiter zu vertiefen.
- Wenn der Bewerber eine Frage beantwortet hat, reagieren Sie nicht mit einer neuen Frage, sondern legen Sie eine Pause ein. Dies signalisiert, dass der Bewerber seine Antwort noch weiter erläutern sollte. Auch dies ist ein Mittel, das Thema zu vertiefen.
- Wenn eine offene Frage noch nicht hinreichend geklärt ist, sollten Sie den Bewerber um eine weitere Erläuterung bitten.

Vorgehen beim situativen Interview

Sie stellen dem Bewerber eine in der Anforderungsanalyse erarbeitete „kritische Situation" vor. In diese soll er sich hineinversetzen und erklären, wie er sich (theoretisch) verhält und mit dieser Situation umgeht.

Auf diese Weise können Sie sich ein Bild der Reaktionen des Bewerbers machen und vergleichen, ob diese den Reaktionen des „gut geeigneten" bzw. „schlecht geeigneten" Mitarbeiters entsprechen.

Ablauf des strukturierten Personalauswahlinterviews

Das strukturierte Interview ist die gängigste Methode des Personalauswahlgespräches. Es beinhaltet einen Fragenkatalog, der für alle Kandidaten gleich ist.

Phase 1:   Begrüßung und gegenseitige Vorstellung

Phase 2:   Fragen zum Unternehmen (Rückschlüsse auf die Gesprächsvorbereitung des Bewerbers)

Phase 3:   Die persönliche Situation des Bewerbers (Werdegang)

Phase 4:   Letzte Position/Wünsche bezüglich der neuen Position

Phase 5:   Persönliche Eigenschaften des Bewerbers

Phase 6:   Arbeitsverhalten des Bewerbers

Phase 7:   Umgang des Bewerbers mit Kollegen und Vorgesetzten

Phase 8:   Leistungsbereitschaft des Bewerbers

Phase 9:   Arbeitszeit, Gehalt und Sonstiges

Phase 10: Spezielle Fragen für Bewerber
           a) auf eine Führungsposition
           b) auf eine Vertriebsposition

Phase 11: Informationen über Unternehmen, Aufgabe und Position, vertragliche Bedingungen

Phase 12: Gesprächsabschluss

Schritt 6: Auswahlgespräch nachbereiten und Auswahlentscheidung treffen

Nach dem Gespräch geht es darum, Ihre Eindrücke festzuhalten und auszuwerten.

- Notieren Sie Ihre persönlichen Eindrücke unmittelbar nach dem Gespräch, sonst besteht die Gefahr der Verzerrung oder des Vergessens wichtiger Details.
- Besprechen und vergleichen Sie Ihre Eindrücke mit dem Kollegen, der mit Ihnen das Gespräch geführt hat.
- Der Interviewleitfaden, in dem Sie bereits während des Gesprächs die Informationen des Bewerbers festgehalten haben, ist ein wesentliches Instrument für die Auswahlentscheidung.
- Entscheiden Sie: Lohnt sich die detaillierte Entscheidungsfindung mit Analyse der einzelnen Bewerbereigenschaften oder fällt der Bewerber bereits aus der Auswahl?

Die Auswahlentscheidung

Als Quellen für die Auswahlentscheidung stehen Ihnen jetzt zur Verfügung:

- telefonischer Erstkontakt mit Bewertungsbogen,
- Bewerbungsunterlagen mit Bewertungsbögen,
- Bewerbungsgespräch mit Ergebnissen bzw. Auswertungen,
- Ihr persönlicher Eindruck.

Für die Auswertungs- und Entscheidungsfindung sollen Sie systematisch vorgehen:

- Tragen Sie noch einmal Ihre Anforderungen und die Informationen aus den Bewertungsbögen zusammen.
- Betrachten Sie jetzt Ihre Eintragungen zu den positiven und negativen Eigenschaften des Bewerbers zum Anforderungsprofil und entscheiden Sie sich für eine Bewertung. Gehen Sie so jede einzelne Anforderung durch.

Am Ende haben Sie dann ein Bewerberprofil, das die Bewerber vergleichbar macht und Ihnen die Entscheidung ermöglicht, welcher Bewerber am besten zum Unternehmen und der Position passt.

Mitteilung der Ergebnisse an den Kandidaten

Der letzte Schritt des Personalauswahlverfahrens ist es, den Kandidaten die Ergebnisse mitzuteilen.

Der Bewerber, der eingestellt wird, erhält schriftlich – und damit verbindlich – seine Zusage. Je nachdem, ob und welche Details noch geklärt werden müssen, wird ihm direkt der Arbeitsvertrag oder ein positiver Bescheid geschickt. Die Mitteilung der Absagen erfolgt schriftlich. Ein persönliches Feedbackgespräch wäre optimal, ist aber nicht überall vorgesehen und möglich. Es empfiehlt sich, die Absagen erst zu verschicken, wenn der Einzustellende den Vertrag unterschrieben hat (was zügig erfolgen sollte).

Die Bewerbungsunterlagen zu den Absagen werden in unversehrter Form an den Kandidaten zurückgesandt. Der Umgang des Unternehmens mit Bewerbungen und Kandidaten ist wichtig für das positive Image des Unternehmens. Drückt dieser doch aus, wie mit potenziellen Mitarbeitern verfahren wird. Dieses Vorgehen ist das „klassische", das bei den zunehmend üblichen und akzeptierten Bewerbungen im Online-Verfahren entsprechend abgewandelt werden muss (auch hier werden später eingereichte schriftliche Unterlagen wie z. B. Zeugniskopien natürlich zurückgesandt).

Weiterentwicklung der Mitarbeiter

Die „eigentliche" Weiterentwicklung von Mitarbeitern fällt in die Rubrik der Personalentwicklung.

Aber auch die Einarbeitung neuer Mitarbeiter, die Teamentwicklung und das Fördern von Mitarbeitern sind Führungsaufgaben, die hierher gehören und die in diesem Buch angesprochen werden sollen.

Sieben Thesen zur Mitarbeiterentwicklung

- Potenziell sind alle Mitarbeiter zu guten Leistungen fähig. Voraussetzung zur Erbringung dieser guten Leistungen: Die Führungskraft findet heraus, wo sie gerade stehen, und hilft ihnen von dort aus weiter.
- Eine gute Führungskraft passt ihren Führungsstil individuell dem Entwicklungsstand des Mitarbeiters **und** der Situation an.
- Unterschiedliche Mitarbeiter erfordern unterschiedliche Behandlung und unterschiedliche Entwicklung je nach Aufgabe und Ziel.
- Mitarbeiterentwicklung heißt, individuelle Maßnahmen gemeinsam mit dem Mitarbeiter so zu definieren, dass Kompetenz **und** Engagement des Mitarbeiters schrittweise wachsen.
- Mitarbeiterentwicklung geht nur gemeinsam mit dem Mitarbeiter, nie gegen ihn.
- Die Führungskraft entwickelt den Mitarbeiter **für** das Unternehmen.
- Die finale Verantwortung für seine Entwicklung trägt der Mitarbeiter selbst.

Die Einarbeitung neuer Mitarbeiter

Die Einführung und Integration neuer Mitarbeiter ist eine weitere sehr wichtige Führungsaufgabe. Sie tragen Sorge, dass der Mitarbeiter sich orientieren kann und Orientierung erhält, entweder von Ihnen oder einer Person Ihres Vertrauens. Schritt für Schritt muss er sich die neue Umgebung, die neuen Regeln, die neuen Kollegen, das neue Arbeiten und Wissen erschließen. Zum „Orientierung-Geben" gehört auch, dass dem neuen Mitarbeiter Grenzen gezeigt werden und die Erwartungen des Unternehmens klar vor Augen geführt werden.

Eine gute Einarbeitung bedeutet, dass der neue Mitarbeiter nach einer bestimmten Zeit, meist ca. drei bis sechs Monate,

- weiß, was er an Aufgaben in welcher Qualität leisten soll,
- in das neue Arbeitsfeld und Team integriert ist und
- eine Bindung (Identifikation und Loyalität) zum Unternehmen entwickelt hat.

Achten Sie darauf, dem Mitarbeiter nicht alle Informationen auf einmal zu geben, sondern verteilen Sie diese auf die ersten Tage. So ist es Ihnen möglich, auch mehrere Gespräche mit dem neuen Mitarbeiter zu führen und somit erste Eindrücke des Mitarbeiters zu erfahren, Fragen zu beantworten und Informationslücken zu füllen. Erste auftauchende Probleme oder Fehleinschätzungen können Ihrerseits korrigiert werden. Zudem haben Sie die Möglichkeit, ihm immer wieder Mut zuzusprechen, ihn zu motivieren und ihn zu ermuntern. Unterstreichen Sie Ihr Ansinnen mit möglichst konkreten Arbeitsaufträgen, die nicht zu schwierig, aber auch nicht zu leicht sind. So können Sie immer wieder Feedback geben und die Leistungen des neuen Mitarbeiters lenken, steuern oder korrigieren, wenn sie sich in die falsche Richtung entwickeln. Natürlich sollte das Feedback auch weiterhin regelmäßig nach der Einarbeitungszeit erfolgen und nicht abflachen. Diese Rückmeldungen sind für Ihren Mitarbeiter unglaublich wichtig. Aus Ihren Rückmeldungen lernt der Mitarbeiter Prioritäten und Grenzen kennen sowie Fehler (die jeder macht) zu korrigieren und sich in die vom Unternehmen gewünschte Richtung zu bewegen.

Am Ende der Einarbeitungsphase sollte ein Abschlussgespräch stehen.

Es macht dem Mitarbeiter klar, dass seine Einarbeitungsphase zu Ende ist und damit seine Integration in das Team und Unternehmen als abgeschlossen gilt. In der Regel fällt das Abschlussgespräch mit dem Ende der Probezeit zusammen bzw. ist so rechtzeitig zu führen, dass eine Trennung vom Mitarbeiter zum Ende der Probezeit erfolgen kann. Das Gespräch und sein Inhalt ist für Ihren Mitarbeiter vorhersehbar, wenn Sie ihm regelmäßige Rückmeldungen innerhalb der Einarbeitungszeit gegeben haben. Nutzen Sie dieses Gespräch auch, um die Zufriedenheit des Mitarbeiters in Hinblick auf die Unterstützung durch Sie und das Team zu erfragen sowie die weiteren Qualifikationsschritte zu erläutern und ihn damit in den laufenden Führungsprozess zu integrieren.

Das Miteinander ist genauso wichtig – Teamentwicklung

Viele Aufgaben im Unternehmen erfordern ein koordiniertes Miteinander von mehreren Mitarbeitern, die nicht immer in einer organisatorischen Einheit zusammenarbeiten.

> Teamarbeit bedeutet im Idealfall, die Stärken der einzelnen Teammitglieder zu erkennen und in Hinblick auf das gemeinsame Ziel füreinander nutzbar zu machen.

Die meisten Unternehmen sind der Ansicht, dass in ihrem Betrieb konstruktive Teamarbeit geleistet wird. Interessanterweise teilen die Mitarbeiter diese Ansicht nur teilweise.
Der Wunsch, interdisziplinäre Problemlösungen im Team zu entwickeln, bleibt in vielen Unternehmen im Ansatz stecken. Mangelnde Vorbereitung der Mitarbeiter, ungeeignete Rahmenbedingungen, Zeitdruck und fehlende Unterstützung von Seiten der Leitung sind nur einige Ursachen, die Teamarbeit scheitern lassen.
Häufig bleibt den Teams – bedingt durch eine begrenzte Dauer der Zusammenarbeit – nur eine kurze Zeit „sich zusammenzuraufen" und Wege eines konstruktiven Miteinanders zu finden. Diese Zeitspanne wird in Zukunft immer kürzer werden, durch die permanenten Veränderungen.
Gemeinsam zu planen, zielorientiert zu handeln, ohne die Individualität des Einzelnen in Frage zu stellen, und Veränderungen als natürlichen Bestandteil des Teamprozesses anzunehmen, ist ein Lernprozess, den jede Gruppe erst einmal durchlaufen muss. Damit der Teamentwicklungsprozess nicht „aus dem Ruder" läuft, muss er sensibel gesteuert und

gelenkt werden. Diese Aufgabe stellt insbesondere den Teamleiter vor vielfältige Aufgaben.

Für das Unternehmen kann Teamarbeit ein Instrument zur
Lösung komplexer Aufgaben sein. Mitdenken, zuständig sein
und sich gemeinsam um die Lösung der Aufgaben bemühen:
So trägt der Einzelne zu seinem Erfolg, dem der Kollegen und
letztendlich dem des Unternehmens bei.

Tipps für die Teamführung

- Wählen Sie die richtigen Teammitglieder aus.
- Stellen Sie eine Teamsatzung auf.
- Legen Sie „Spielregeln" fest.
- Setzen Sie Ziele und messen Sie die Ergebnisse.
- Klären Sie die Rollen und Verantwortungsbereiche der
  Teammitglieder.
- Planen Sie Ihre Aktionen.
- Bauen Sie eine Atmosphäre für die Teamarbeit auf.
- Entwickeln und pflegen Sie die Kommunikation im
  Team.
- Treffen Sie Gruppenentscheidungen.
- Halten Sie effektive Besprechungen ab.
- Definieren Sie die Rolle und die Verantwortungsbe-
  reiche des Teamleiters, bzw. Ihre eigene Rolle und
  Ihren Verantwortungsbereich.
- Leiten Sie die Gruppe.
- Lösen Sie Teamprobleme.
- Handhaben Sie Teamkonflikte.
- Handhaben Sie die Teamleistungen.

Ein solche Liste von Tipps können Sie zweifellos nicht ad hoc
berücksichtigen. Sie ist als „Checkliste" der Aspekte gedacht,
um die Sie sich als Teamleiter längerfristig kümmern sollten.

Die Förderung der Mitarbeiter

Jeder Vorgesetzte ist für die Förderung seiner Mitarbeiter verantwortlich. Jedoch werden von den Mitarbeitern Eigeniniti-

ative, Motivation und Offenheit erwartet. Sie können einen Mitarbeiter nie gegen seinen Willen entwickeln.

Die Förderung der Mitarbeiter ist am Bedarf des Unternehmens orientiert und sollte individuell entsprechend der persönlichen und fachlichen Eignung des Mitarbeiters erfolgen. Bei der Förderung und Entwicklung von Mitarbeitern geht es primär um Entwicklungsziele in der Zukunft und deren planmäßige Umsetzung.

Folgende Arten der Mitarbeiterentwicklung stehen Ihnen in der Regel als Führungskraft zur Verfügung:

Arbeitsplatzbezogene Mitarbeiterentwicklung

Entwicklungsziel ist die verbesserte Leistungsfähigkeit im derzeitigen Aufgabengebiet. Hilfe bei der Kompetenzanalyse bieten die aktuelle Stellenbeschreibung sowie das Stärken- und Schwächenprofil des Mitarbeiters. Mittelfristige Veränderungen im Arbeitsumfeld sind zu berücksichtigen.

Beispiele für Entwicklungsmaßnahmen können sein: Training on the Job, gezielte Coaching- und Unterweisungsmaßnahmen von Seiten des Vorgesetzten, Einarbeitungsprogramme, Patenschaften, Übernahme von Sonderaufgaben oder Seminare zur gezielten Verbesserung der Kompetenz in verschiedenen Bereichen.

Horizontale Mitarbeiterentwicklung

Entwicklungsziel ist die Entwicklung des Mitarbeiters auf gleicher Ebene in ein anderes Aufgabengebiet. Hilfe bei der Kompetenzanalyse bietet wiederum die Stellenbeschreibung sowie das Stärken- und Schwächenprofil des Mitarbeiters. Bei der horizontalen Mitarbeiterentwicklung ist das Kompetenzprofil der zukünftigen Aufgabe wichtig.

Beispiele für entsprechende Entwicklungsmaßnahmen können sein: Projektarbeit, Übernahme von Patenschaften, Einarbeitungsprogramme, Training on the Job, Coaching durch den Vorgesetzten, Übernahme von Zusatzaufgaben, Tagungen, Messen, Schulungen und Seminare.

Vertikale Mitarbeiterentwicklung

Entwicklungsziel ist die Entwicklung und Vorbereitung des Mitarbeiters auf weiterführende Aufgaben als Vorgesetzter und/oder Fachgebietsexperte. Hilfe bei der Kompetenzanalyse bieten auch hier die Stellenbeschreibung und das Kompetenzprofil der zukünftigen Aufgabe sowie das Stärken- und Schwächenprofil des Mitarbeiters. Die Potenzialanalyse des Mitarbeiters ist weiterhin eine wesentliche Grundlage für die Kompetenzanalyse.

Beispiele für entsprechende Entwicklungsmaßnahmen können sein: Projektarbeit (leitend), Übernahme von Patenschaften, Einarbeitungsprogramme, Training on the Job, Trainee in Fachabteilungen, Job Rotation, Mentoring, internationale Entsendung, Tagungen, Messen, Schulungen, Seminare, Teilnahme an einem unternehmensspezifischen Förderungsprogramm für Nachwuchsführungskräfte.

Führungsinstrument: Fördergespräch

Die Erfassung des Förderbedarfs und der vorhandenen Potenziale sind wichtige Voraussetzung für die planmäßige spätere Umsetzung. Die Erfassung des Förderbedarfs erfolgt in Verbindung mit dem Mitarbeitergespräch, parallel zur Zielvereinbarung oder z. B. im Beurteilungsgespräch.

Die Handhabung in den Unternehmen ist individuell verschieden und der Definition des Führungsprozesses angepasst. Sind in dem Unternehmen/in der Institution Zielvereinbarungen getroffen worden und Zielvereinbarungsgespräche eingeführt, so werden beispielsweise parallel Fördergespräche eingeführt, um den entsprechenden Förderbedarf festzustellen. Fördergespräche können z. B. jedes zweite Jahr stattfinden.

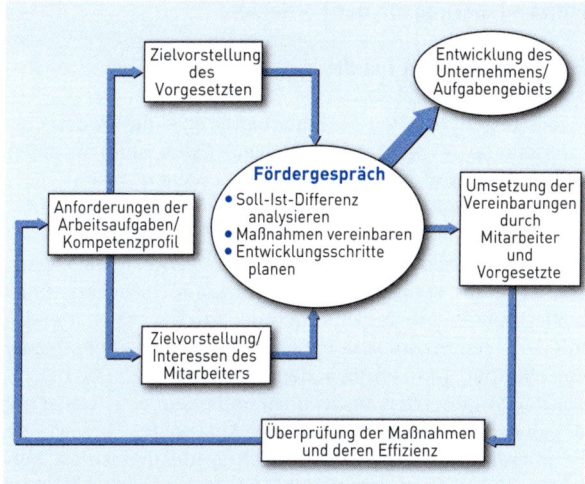

Vom Fördergespräch zu neuen Aufgaben

So gehen Sie beim Förderprozess vor

- Ausrichtung am Entwicklungsziel
  - solide Vermittlung mit Praxisbezug
  - entwickeln zur Leistungsverbesserung
  - denken in Fähigkeiten
- realistische Erwartungen
  - weitere Entwicklung auf jeder Stufe rückgekoppelt mit Zielerreichung
  Je höher die Erwartungen, desto mehr wird Eigeninitiative und Flexibilität erwartet.
- solider Erwerb von Fähig- und Fertigkeiten: Entwicklung braucht Zeit
  Die Entwicklung von Fähigkeiten und Fertigkeiten setzt Kenntniserwerb und praktische Anwendung voraus.

Führungsparadoxon der Förderung

Jede Führungskraft hat die Aufgabe, die Mitarbeiter zu fördern und zu entwickeln.

In der Regel verlassen die Mitarbeiter aber das Verantwortungsfeld des Vorgesetzten spätestens dann, wenn sie einen maximalen Entwicklungsstand erreicht haben.

Dies ist für die Führungskraft sehr bedauerlich, da diese Mitarbeiter auch die maximale Unterstützung der Führungskraft sichergestellt haben. So gerät die Führungskraft in ein Dilemma, da sie die Verpflichtung hat, die gut entwickelten Mitarbeiter im Interesse des Unternehmens zu benennen, um damit dem Unternehmen den maximalen Nutzen am Potenzial des Mitarbeiters zu ermöglichen.

Für den Vorgesetzten ist das nicht immer einfach, weil er auf der einen Seite auf „gut entwickelte Mitarbeiter" angewiesen ist, um seine Zielvorgaben zu erreichen, und damit diese Mitarbeiter nur sehr ungern gehen lässt. Andererseits möchte er ihnen keine Steine in den Weg legen bzw. ihnen nicht den Weg „in neue Entwicklungsstufen" verbauen.

Das Problem bzw. Paradoxon ist keines, das nur unter den Aspekten der Loyalität zum Unternehmen und der Fürsorge für die Mitarbeiter zu betrachten ist. Sondern der Wechsel eines besonders guten Mitarbeiters ist in der Regel für den Vorgesetzten ganz offensichtlich und „objektiv" mit besonderer, zusätzlicher Belastung verbunden.

Entweder kommt ein neuer Mitarbeiter, muss wieder „ganz von unten" anfangen und ist erst nach einer gewissen Zeit als produktive Kraft zu sehen. Oder es kommt noch nicht einmal ein neuer Mitarbeiter (durch mangelndes Personal oder Budget), was zur Folge hat, dass die Aufgaben des ausscheidenden Mitarbeiters auf die anderen Mitarbeiter in der Gruppe verteilt werden müssen. Eine Leistungslücke entsteht in jedem Fall, womit die Führungskraft umgehen muss.

Coaching durch Sie – elementarer Part der Weiterentwicklung Ihrer Mitarbeiter

Der Begriff „Coaching" hat seinen Ursprung im Leistungssport. Dort bedeutet „to coach" soviel wie „einpauken", „trainieren", „Anweisungen und Tipps geben" – immer mit dem Ziel, die Leistungen des Sportlers zu verbessern.

> Von diesem landläufigen Coachingbegriff ist in der Personalentwicklung vor allem das Ziel „Leistungsverbesserung" geblieben.

Nach dem Motto „Der Gegner im Kopf ist schlimmer als der Gegner auf der anderen Seite des Netzes" geht es vorwiegend darum, innere persönliche Hindernisse aus dem Weg zu schaffen, die der Leistungserbringung und -steigerung entgegenstehen.

> Der Coachingbegriff wird daher in der Praxis gleichgesetzt mit der gezielten Einzelunterstützung,

Einzelberatung, Einzelunterweisung und individuelles Einzeltraining des Mitarbeiters in sachlichen und persönlichen Fragestellungen zur Sicherstellung bzw. Steigerung seiner persönlichen Arbeitsleistung.

Mit dem Coaching Ihrer Mitarbeiter können Sie maßgeblich die Qualität Ihres Führungsverhaltens bestimmen.

Indem Sie Ihre Mitarbeiter fit machen und sie einzeln in ihren Aufgaben unterstützen, sie an Themen heranführen oder auch gemeinsam mit ihnen Hinderungsgründe aus dem Weg räumen, nutzen Sie Ihre Gestaltungsspielräume als Führungskraft optimal. Sie als Coach haben dabei einen „beratenden" Charakter, welcher nicht immer mit dem Führungsziel Resultate zu erzielen und damit den Zweck Ihres Unternehmens zu verwirklichen deckungsgleich ist.

Nutzen Sie diese Möglichkeit der individuellen Entwicklung Ihrer Mitarbeiter, die Sie maßgeblich selbst gestalten können.

Auf den Punkt gebracht

- Neben der Entwicklung und Förderung aller Mitarbeiter eines Unternehmens stellt die Personalauswahl als Zwischenschritt eine weitere wichtige Führungsaufgabe dar.

- Unter dem Blickwinkel, dass Stellen erst dann extern besetzt werden sollten, wenn dies intern nicht möglich ist, gehört die Personalauswahl mit zur Personalentwicklung.

- Allerdings kann ein Unternehmen nicht auf Dauer seinen Personalbestand nur durch eigene Mitarbeiter sichern. Neue Mitarbeiter bringen neue Impulse und zusätzliches Know-how ins Unternehmen.

- Bei der systematischen Auswahl neuer Mitarbeiter wird nicht nur der fachlich Geeignete gesucht, sondern es geht entscheidend darum, einen zur Corporate Identity des Unternehmens passenden Mitarbeiter zu finden.

- Der Auswahlprozess läuft in systematischen Schritten ab – von der gezielten Ausschreibung über die Auswertung der schriftlichen Unterlagen bis zum Auswahlgespräch bzw. einem Assessment Center.

- In den Bereich der Weiterentwicklung von Mitarbeitern fallen
  - die Einarbeitung neuer Mitarbeiter,
  - die Teamentwicklung,
  - die Förderung der einzelnen Mitarbeiter (arbeitsplatzbezogen, horizontal und vertikal).

  Dies sind explizit wahrzunehmende Führungsaufgaben.

7 Zusammenfassung und Abschluss

Nicht die Veränderung von Menschen und auch nicht die Beseitigung ihrer Schwächen ist die herausfordernde Aufgabe für Sie als Führungskraft, sondern die größtmögliche Umsetzung von Stärken und Kompetenzen Ihrer Mitarbeiter in unternehmerische Ergebnisse.

Der Führungs- und Leistungsprozess ist an Verantwortung, Leistung und Disziplin festgemacht. Dies zeigt sich in der Regel erst, wenn Schwierigkeiten auftreten. Dann ist Leistung gefragt und echte Führung.

Zwei entscheidende Punkte bestimmen meines Erachtens den Erfolg von Führung:

1. Konsequenz und Transparenz in Umsetzung des Prozesses und des Handelns und
2. die Einstellung und Kommunikation gegenüber den Mitarbeitern.

Authentizität, Glaubwürdigkeit, Respekt sowie Wertschätzung sind die Erfolgsparameter.

Weiterhin vier Ms habe ich mir als elementare Grundlage meiner Führung gelegt und als kritische Grenzmarke:

Man **m**uss **M**enschen **m**ögen.

Wenn dies nicht gegeben ist oder die anvertrauten Menschen zur Last werden, sollte man die Verantwortung, die man angenommen hat, überdenken, abgeben oder gar nicht erst annehmen.

Viel Erfolg!

Literaturverzeichnis

Blanchard, K. / Zigarmi, P. und D.: Der Minutenmanager: Führungsstile. Reinbek 2002

Fisher, K. / Rayner, S. / Belgard, W.: Tipps für Teams. 416 Regeln für den Teamerfolg. München 2000

Herzlieb, H.-J.: Von der Führungskraft zum Coach. Berlin 2002

Herzlieb, H.-J. / Ulrich, F.: Cheffing – Führen von unten. Berlin [2]2005

Höhler, G.: Herzschlag der Sieger. München 2004

Kießling-Sonntag, J.: Handbuch Mitarbeitergespräche. Berlin 2000

Kießling-Sonntag, J.: Zielvereinbarungsgespräche. Berlin [3]2008

Kratz, H.-J.: Chef-Checkliste Mitarbeiterführung. Regensburg [9]2011

Laufer, H.: 99 Tipps für den erfolgreichen Führungsalltag. Berlin [3]2009

Malik, F.: Führen, Leisten, Leben. Wirksames Management für eine neue Zeit. Frankfurt am Main 2009

Oppermann-Weber, U.: Mitarbeiterführung. Hörbuch. Berlin 2007

Peterke, J.: Handbuch Personalentwicklung. Berlin 2006

Peters, B. / Herman, H.-D. / Müller-Wirth, M.: Führungsspiel. München 2008

Schulte, M. / Landerer, W.: Testen und getestet werden. Berlin [2]2008

Schulz von Thun, F.: Miteinander reden. Sonderausgabe Hamburg 2011

Schumacher, T.: Leinen los – Aufbruch in ein neues Zeitalter der Mitarbeiterführung. Weinheim 2009

Thöneßen, J.: Macher oder Team-Manager. Mitarbeiterführung in der Praxis. München 2002

Wildenmann, B.: Professionell Führen. Neuwied [6]2002

Stichwortverzeichnis